E. FOURREY

RÉCRÉATIONS ARITHMÉTIQUES

DEUXIÈME ÉDITION

PARIS

LIBRAIRIE NONY & Cie

63, BOULEVARD SAINT-GERMAIN, 63

1901

RÉCRÉATIONS ARITHMÉTIQUES

E. FOURREY

RÉCRÉATIONS ARITHMÉTIQUES

DEUXIÈME ÉDITION

PARIS

LIBRAIRIE NONY & Cie

63, BOULEVARD SAINT-GERMAIN, 63

1901

AVANT-PROPOS

Les Récréations Mathématiques étaient fort en honneur chez nos pères et plus d'un savant éminent du temps passé n'a pas dédaigné de leur consacrer une partie de ses recherches. Après être tombées dans un oubli injustifié, elles paraissent être revenues tout à fait en faveur de nos jours. Nous pensons qu'on peut attribuer la vogue dont elles jouissent actuellement à deux causes principales.

Tout d'abord, il existe actuellement dans l'enseignement une tendance à ne pas faire aborder aux enfants l'étude des sciences par l'exposé de la théorie pure dont l'aridité peut les rebuter. A l'aide des quelques principes strictement nécessaires, on commence cette étude par d'amusantes applications qui intéressent les jeunes esprits et leur donnent le désir d'en connaître davantage.

En second lieu, le développement considérable pris par la presse en cette fin de siècle n'a pas été sans apporter sa part d'influence. La plupart des revues périodiques, en effet, et même nombre de journaux quotidiens, ont accordé une place importante aux jeux d'esprit et aux récréations scientifiques. Parmi ces dernières, c'est à l'Arithmétique qu'on s'adresse le plus souvent. Cette préférence est assurément due à ce que cette science est connue de tous, appliquée fréquemment par tous et que les problèmes **auxquels** elle donne lieu offrent une infinie **variété**.

Cependant, il n'existe à l'heure actuelle, à notre connaissance, sur les Récréations Arithmétiques, que des ouvrages ou trop anciens ou trop savants pour être à la portée de tout le monde. Le présent volume a pour objet de combler cette lacune. Sans rien sacrifier à la rigueur, nous avons seulement supposé chez nos lecteurs la connaissance des opérations et règles pratiques de l'Arithmétique. Nous rappelons, d'ailleurs, dans une Introduction, les quelques notions théoriques nécessaires.

Parmi les questions traitées, un grand nombre sont inédites ou peu connues; nous avons cherché pour les autres à en simplifier autant que possible l'exposé en vue du programme que nous nous étions imposé.

Nous avons divisé notre travail en trois Parties : La première (*Les Nombres abstraits*), traite des quatre opérations et des propriétés des nombres. Dans la seconde (*Les Applications*), on s'occupe plus particulièrement des problèmes. On s'étonnera peut-être que nous ayons consacré entièrement la troisième et dernière Partie aux *Carrés magiques*. Mais, outre que la théorie de ces carrés, dont Fermat disait qu'il ne connaissait « rien de plus beau en l'Arithmétique » peut être exposée simplement, on y trouve matière à quantité d'intéressantes applications.

Enfin, nous nous empressons d'ajouter que nous recevrons avec plaisir les communications que nos lecteurs voudront bien nous adresser par l'intermédiaire de notre éditeur.

INTRODUCTION

Nous allons rappeler succinctement les définitions de quelques locutions usuelles et certaines propositions d'Arithmétique que nous aurons à employer par la suite.

1. Quand deux expressions numériques sont égales, on exprime ce fait en les réunissant par le signe $=$, qui remplace le mot *égale*. On a par exemple

$$6 + 8 = 14.$$

Le *premier membre de l'égalité* est $6+8$, le *second membre*, 14.

2. Lorsqu'on veut soumettre à une seconde opération le résultat d'une opération qui n'est elle-même qu'indiquée, il faut employer un signe particulier. On met alors *entre parenthèses* l'indication de la première opération, et le signe qui représente la seconde opération porte sur toute la parenthèse.

Ainsi l'expression $4 \times (7 - 5)$, ou plus simplement $4(7 - 5)$, signifie qu'il faut multiplier par 4 la différence $(7 - 5)$.

3. *On peut ajouter ou retrancher une même quantité aux deux membres d'une égalité.*

4. *On peut multiplier ou diviser par une même quantité les deux membres d'une égalité.*

Ces deux principes sont évidents : il est hors de doute que si l'on fait subir une opération identique à deux quantités égales, ces quantités transformées sont encore égales. Ainsi, de

$$6 + 8 = 14$$

on tire successivement

$$6 + 8 + 2 = 14 + 2,$$
$$6 + 8 - 2 = 14 - 2,$$
$$(6 + 8)2 = 14 \times 2,$$
$$(6 + 8) : 2 = 14 : 2.$$

5. *Dans un produit de plusieurs facteurs, on peut intervertir d'une manière quelconque l'ordre des facteurs sans changer le produit.*

On a par exemple

$$3 \times 5 \times 7 = 5 \times 7 \times 3.$$

6. *Dans un produit de plusieurs facteurs, on peut remplacer certains de ces facteurs par leur produit effectué.*

Ainsi $3 \times 5 \times 7 = 15 \times 7.$

Ces deux propositions peuvent être considérées comme évidentes.

7. La *puissance* d'un nombre est le produit de plusieurs facteurs égaux à ce nombre. Le nombre de facteurs est le *degré* de la puissance. Par exemple,

$125 = 5 \times 5 \times 5$ est la 3e puissance de 5 ou la puissance de 5 dont le degré est 3.

On indique le degré de la puissance d'un nombre par un petit chiffre placé à droite du nombre et un peu au-dessus. Ce chiffre est l'*exposant* de la puissance. Ainsi dans 2^3, 3 est l'exposant de 2.

Au lieu de puissance 2e, puissance 3e d'un nombre, on dit encore *carré*, *cube* de ce nombre.

Inversement, la racine *carrée*, *cubique*, ... d'un nombre est un second nombre qui élevé au carré, au cube, ... reproduit le premier.

8. *Le produit de deux puissances d'un même nombre est égal à ce nombre affecté d'un exposant égal à la somme des exposants des facteurs.*

Ainsi $\quad 7^2 \times 7^3 = (7 \times 7).(7 \times 7 \times 7) = 7^{2+3} = 7^5.$

9. *Le quotient de deux puissances d'un même nombre est une puissance de ce nombre ayant pour exposant la différence des exposants du dividende et du diviseur.*

Ainsi $\quad \dfrac{7^5}{7^2} = 7^{5-2} = 7^3, \qquad$ car $7^5 = 7^2 \times 7^3.$

10. Dans le cas où les [deux exposants sont égaux, par exemple 7^3 et 7^3, on a

$$1 = \frac{7^3}{7^3} = 7^{3-3} = 7^0.$$

Donc

Un nombre affecté de l'exposant zéro est égal à l'unité.

11. *Pour élever au carré, au cube, ... une puissance quelconque d'un nombre, il suffit de multiplier par 2, 3, ... l'exposant de la puissance.*

Ainsi $(7^2)^3 = 7^2 \times 7^2 \times 7^2 = 7^{2 \times 3} = 7^6$.

12. Un nombre est *diviseur* d'un autre lorsqu'il est contenu dans cet autre un nombre exact de fois. Par exemple 28 est divisible par 4, puisque $28 = 7 \times 4$; 4 et 7 sont des diviseurs de 28.

13. Le *multiple* d'un nombre est un second nombre qui contient le premier un nombre exact de fois. Nous appellerons *rang* de ce multiple le nombre de fois que le second entier contient le premier.

Ainsi $28 = 7 \times 4$ est le 4e multiple de 7 ou bien 4 est le rang de 28 considéré comme multiple de 7.

14. *Tout nombre qui divise une somme de deux nombres et l'un des nombres de la somme divise l'autre nombre.*

En effet, soit par exemple

$$56 = 14 + 42.$$

56 et 14 contenant par hypothèse un nombre exact de fois 7, il en sera de même de leur différence

$$56 - 14 = 42 ;$$

donc 42 est aussi divisible par 7.

15. *Divisibilité par* 9. — *1° Un nombre formé d'un chiffre significatif suivi d'un ou de plusieurs zéros est égal à un multiple de 9 augmenté de ce chiffre.*

Ainsi

$$8000 = 8 \times 1000 = 8(999 + 1) = 8 \times 999 + 8 = \text{mult. } 9 + 8,$$

car un nombre exclusivement composé de 9 est un multiple de 9.

2° *Tout nombre est égal à un multiple de* **9** *augmenté de la somme de ses chiffres.*

Soit par exemple 846. On a d'après 1°

$$800 = \text{mult. } 9 + 8$$
$$40 = \quad » \quad + 4$$
$$6 = \quad » \quad + 6$$
$$846 = \text{mult. } 9 + 8 + 4 + 6.$$

On en déduit que le reste de la division d'un nombre par 9 est égal au reste de la division par 9 de la somme des chiffres du nombre considéré.

3° *Pour qu'un nombre soit divisible par* **9**, *il faut et il suffit que la somme de ses chiffres soit divisible par* **9**.

En effet, d'après l'égalité

$$846 = \text{mult. } 9 + 8 + 4 + 6,$$

et le n° **14**, si 846 est divisible par 9, la somme $8 + 4 + 6$ l'est aussi, et réciproquement, si $8 + 4 + 6$ est multiple de 9, 846 l'est également.

16. Un nombre *premier* est un nombre qui n'est divisible que par lui-même et par l'unité. Par exemple, 2, 3, 5 sont des nombres premiers.

17. *Un nombre qui n'est pas premier est un produit de facteurs premiers.*

Ainsi 72 n'est pas premier, puisqu'il est, par exemple, divisible par **2**. On a d'ailleurs

$$72 = 2 \times 2 \times 2 \times 3 \times 3 = 2^3 . 3^2.$$

2, 3 sont des nombres premiers ; 2 et 3 sont dits les *facteurs premiers* de **72**.

Il en résulte qu'un nombre divisible séparément par plusieurs nombres premiers affectés ou non d'exposants est divisible par leur produit.

18. *Une fraction ne change pas de valeur quand on multiplie ou quand on divise ses deux termes par un même nombre.*

Ainsi $\dfrac{5}{7} = \dfrac{5\times3}{7\times3}$.

19. Une *progression arithmétique* est une suite de nombres tels que chacun d'eux est égal au précédent augmenté d'un nombre constant appelé *raison*. Chacun des nombres de la suite est un *terme* de la progression. Par exemple la suite

$$\div 2.\ 5.\ 8.\ 11.\ 14.\ 17$$

est une progression arithmétique de 6 termes dont la raison est 3.

20. Une *progression géométrique* est une suite de nombres tels que chacun d'eux est égal au précédent multiplié par un nombre constant qu'on appelle encore *raison.* Ainsi la suite

$$\div 3 : 12 : 48 : 192 : 768$$

est une progression géométrique de 5 termes dont la raison est 4.

PREMIÈRE PARTIE

LES NOMBRES ABSTRAITS

CHAPITRE I

CURIEUSES PARTICULARITÉS DES NOMBRES

Le nombre 7.

21. *Si l'on multiplie par* **7** *un des termes de la progression arithmétique*

$\div$ 15 873. 31 746. 47 619. 63 492. 79 365. 95 238.

111 111. 126 984. 142 857,

dont le premier terme et la raison sont 15 873, *on obtient comme produit un nombre composé de* 6 *chiffres identiques. La valeur du chiffre constant est donnée par le rang occupé dans la progression par le terme considéré.*

Par exemple, 79 365 étant le 5ᵉ terme,

$$79\,365 \times 7 = 555555.$$

Ce résultat est facile à expliquer. En effet, on a

$$15\,873 \times 7 = 111111,$$

et comme d après la formation de la progression

$$79\,365 = 15\,873 \times 5,$$

il en résulte qu'on a (5, 6)

$$79\,365 \times 7 = 15\,873 \times 7 \times 5 = 111\,111 \times 5,$$

et on sait que le produit d'un nombre composé de chiffres 1 par un des 9 premiers nombres est formé de chiffres tous identiques au multiplicateur considéré.

Le nombre 9.

22. Les produits du nombre 9 par les différents termes de la suite naturelle des nombres présentent une particularité remarquable. En premier lieu, les produits de 9 par les 9 premiers nombres sont respectivement

$$09,\ 18,\ 27,\ 36,\ 45,\ 54,\ 63,\ 72,\ 81,\ 90.$$

On voit que les premiers chiffres de chacun de ces nombres sont les 10 chiffres du système décimal dans leur ordre naturel, et les derniers, les mêmes chiffres dans l'ordre inverse.

Une propriété analogue existe pour une suite quelconque de nombres entiers consécutifs. Ainsi pour les nombres d'une même dizaine

$$231,\ 232,\ \ldots,\ 239,\ 240,$$

par exemple, les produits par 9 sont

$$2079,\ 2088,\ \ldots,\ 2151,\ 2160.$$

Les derniers chiffres dans ces produits forment encore la suite décroissante des 10 chiffres. Quant aux 3 premiers chiffres, ils forment une série de nombres consécutifs.

Il est facile de s'expliquer ce résultat en observant que multiplier un entier par 9 revient à retrancher cet entier de 10 fois sa valeur. Par exemple, on trouvera les produits ci-dessus à l'aide des soustractions suivantes :

$$
\begin{array}{ccc}
2310 & 2320 & \ldots \\
\underline{231} & \underline{232} & \ldots \\
2079 & 2088 & \ldots
\end{array}
$$

Or, pour les nombres de la dizaine considérée : 1° on retranche de 10 les derniers chiffres 1, 2, 3, ..., on doit donc trouver comme résultat 9, 8, 7,...; 2° on retranche ensuite le même nombre 23 + 1 des entiers consécutifs 231, 232,..., les résultats obtenus doivent donc encore former une suite de nombres entiers consécutifs.

23. *Ecrire 9 avec les 10 chiffres du système décimal, sans répétition de chiffres.*

Le nombre 9 est égal aux fractions suivantes :

$$
\frac{97524}{10836}, \qquad \frac{95823}{10647}, \qquad \frac{95742}{10638}.
$$

24. *Ecrire 9 avec les 9 chiffres significatifs.*
Le nombre 9 est égal aux fractions suivantes :

$$
\frac{75249}{8361}, \qquad \frac{58239}{6471}, \qquad \frac{57429}{6381}.
$$

25. Voici enfin la curieuse forme que possèdent les carrés des nombres formés seulement de chiffres 9 :

$$
\begin{aligned}
9^2 &= 81 \\
99^2 &= 9801 \\
999^2 &= 998001 \\
9999^2 &= 99980001 \\
99999^2 &= 9999800001
\end{aligned}
$$

$$
\ldots \ldots \ldots \ldots \ldots
$$

Cette remarque est consignée avec d'autres concernant les produits et les puissances de nombres composés d'un seul chiffre plusieurs fois répété, dans **un ouvrage** arabe du xiiiᵉ siècle(*).

Le nombre 11

26. Les puissances de 11 (*).

$$11^1 = \quad 11$$
$$11^2 = \quad 121$$
$$11^3 = \quad 1331$$
$$11^4 = 14641$$

. . . .

Pour obtenir une certaine puissance de 11, on écrit le chiffre des unités de la puissance précédente, chiffre qui est toujours 1, puis on ajoute ce chiffre 1 au chiffre des dizaines de la même puissance, celui des dizaines à celui des centaines et ainsi de suite.

27. Voici maintenant, comme généralisation, les carrés de nombres formés de chiffres 1 (*)

$$1^2 = \quad 1$$
$$11^2 = \quad 121$$
$$111^2 = \quad 12321$$
$$1111^2 = \quad 1234321$$
$$11111^2 = \quad 123454321$$
$$111111^2 = \quad 12345654321$$
$$1111111^2 = \quad 1234567654321$$
$$11111111^2 = \quad 123456787654321$$
$$111111111^2 = 12345678987654321$$

Le tableau ci-dessus dispense de toute explication.

(*) Le *Talkhys amâli al hissâb* (Résumé analytique des opérations du calcul), par le Marocain Ibn-al-Banna. — Traduction A. Marre. Rome, 1865.

Le nombre 37.

28. Considérons la progression arithmétique

$$\div\; 3.\; 6.\; 9.\; 12.\; 15.\; 18.\; 21.\; 24.\; 27$$

de raison 3 et multiplions 37 par chacun de ses termes. Nous obtenons les nombres successifs

$$111,\; 222,\; 333\; 444,\; \ldots\ldots,\; 999$$

formés de 3 chiffres identiques et tels que la somme de leurs chiffres est égale au multiplicateur qui les a produits.

Pour expliquer ce résultat, il suffit de remarquer qu'on a par exemple

$$37 \times 3 = 111 \quad \text{et} \quad 37 \times 12 = 37 \times 3 \times 4 = 111 \times 4$$

et on sait que le produit de 111 par un nombre d'un seul chiffre est un nombre composé de 3 chiffres pareils.

D'autre part la somme des chiffres du produit obtenu est dans le cas présent 3×4, c'est-à-dire **précisément** égale au multiplicateur considéré $12 = 3 \times 4$.

Le nombre 45.

29. 45 peut se partager en 4 nombres (*) : 8, 12, 5 et 20 $(8 + 12 + 5 + 20 = 45)$ tels que

$$8 + 2 = 10,$$
$$12 - 2 = 10,$$
$$5 \times 2 = 10,$$
$$20 : 2 = 10.$$

30. Considérons ensuite le nombre formé par les 9

______

(*) On trouvera plus loin, n° 146, la généralisation de cette remarque.

chiffres significatifs

$$987\,654\,321$$

et ce nombre renversé

$$123\,456\,789.$$

La somme des chiffres de chacun de ces nombres est 45. Si on retranche le second du premier la différence obtenue, composée comme les deux nombres ci-dessus des 9 chiffres significatifs dans un certain ordre

$$864197532$$

a par suite encore 45 pour somme de ses chiffres.

Le nombre 100.

31. 100 peut se décomposer en 4 nombres (*), 12, 20, 4 et 64 $(12+20+4+64 = 100)$ tels que

$$12 + 4 = 16,$$
$$20 - 4 = 16,$$
$$4 \times 4 = 16,$$
$$64 : 4 = 16.$$

32. On peut écrire 100 avec 5 fois le même chiffre. En effet,

$$100 = 111 - 11, \qquad\qquad 100 = 3 \times 33 + \frac{3}{3},$$
$$100 = 5 \times 5 \times 5 - 5 \times 5, \qquad 100 = (5 + 5 + 5 + 5)5.$$

33. On peut enfin écrire 100 de diverses façons avec les 9 chiffres significatifs. En voici quelques-unes :

$$100 = 1 + 2 + 3 + 4 + 5 + 6 + 7 + 8 \times 9,$$
$$100 = 74 + 25 + \frac{3}{6} + \frac{9}{18},$$

(*) On trouvera plus loin, nᵒ 146, la généralisation de cette remarque.

$$100 = 95 + 4 + \frac{38}{76} + \frac{1}{2},$$

$$100 = 98 + 1 + \frac{3}{6} + \frac{72}{54},$$

$$91 \text{ unités } \frac{5742}{638}, \quad 91 \text{ unités } \frac{7524}{836}, \quad 91 \text{ unités } \frac{5823}{647},$$

$$94 \text{ unités } \frac{1578}{263}, \quad 96 \text{ unités } \frac{2148}{537},$$

$$96 \text{ unités } \frac{1428}{357}, \quad 96 \text{ unités } \frac{1752}{438}.$$

Le nombre 143.

34. *Si l'on multiplie* 143 *par chacun des* 999 *premiers multiples de* 7, *chaque produit obtenu sera formé de deux nombres identiques qui seront précisément égaux au rang du multiple de* 7.

Ainsi $143 \times (352 \times 7) = 143 \times 2464 = 352352.$

L'explication en est aisée si l'on remarque que le produit précédent peut s'écrire

$$143 \times 7 \times 352 = 1001 \times 352 = 1000 \times 352 + 352.$$

Donc si le nombre indiquant le rang (**13**) du multiple de 7 (ici 352) n'a que 3 chiffres, le produit sera composé de deux parties identiques égales au rang du multiple de 7. Si ce rang est donné par un nombre de moins de 3 chiffres, les deux parties pourront être séparées par un ou plusieurs zéros.

On obtient un résultat analogue en multipliant par 77 les 999 premiers multiples de 13, par 91 les 999 premiers multiples de 11, car $1001 = 7 \times 11 \times 13$ est divisible par $7 \times 11 = 77$ et 13, $7 \times 13 = 91$ et 11.

Enfin, on généralisera aisément cette remarque. Ainsi, puisque $10001 = 73 \times 137$, $100001 = 11 \times 9091$,..., les produits de 137 par les 9999 premiers multiples de 73, de 9091 par les 99999 premiers multiples de 11,..., sont composés de deux parties identiques.

Le nombre 225.

35. *Former le nombre* 225 *par l'addition de nombres entiers composés avec les 9 chiffres significatifs pris chacun une seule fois.*

On a $\qquad 225 = 1 + 23 + 45 + 67 + 89.$

On voit que chacun des nombres composants se forme en ajoutant 22 au nombre précédent.

On pourra remarquer aussi que tous les nombres entiers, composés à la façon de 225, avec les 9 chiffres significatifs, doivent être des multiples de 9; car la somme des 9 chiffres significatifs est un multiple de 9 et l'addition de nombres composés avec ces 9 chiffres est par suite un multiple de 9 (15). En particulier, 100 n'étant pas divisible par 9, il est impossible de l'obtenir par une addition analogue.

Le nombre 142857.

36. Ce nombre présente la curieuse propriété suivante. Ses 6 premiers multiples sont

142857, 285714, 428571, 571428, 714285, 857142.

On voit qu'ils sont composés des mêmes chiffres disposés dans le même ordre et que l'un d'eux peut être obtenu en opérant sur le précédent une simple transposition de chiffres. Ainsi le quatrième se déduit du troisième en portant les 3 derniers chiffres de ce troisième multiple en tête des 3 premiers.

142857
326451
____
142857
714285
571428
857142
285714
428571
____
46635810507

On peut observer d'ailleurs que tous ces nombres sont formés de groupes de 2 chiffres multiples pairs de 7 ou multiples pairs plus 1.

Il en résulte, comme on le constate ci-contre, que dans la multiplication de 142 857 par 326 451 *les chiffres d'une même colonne verticale dans les produits partiels sont égaux* et que le chiffre terminal d'un produit est le chiffre initial du suivant.

Le nombre 12 345 679.

37. Considérons la progression arithmétique

$$\div 9. \ 18. \ 27. \ 36. \ 45. \ 54. \ 63. \ 72. \ 81$$

de raison 9. Si l'on multiplie par un terme quelconque de la progression, le nombre 12 345 679 qui comprend tous les chiffres significatifs dans leur ordre naturel, sauf le 8, le produit sera composé de 9 chiffres pareils. Le chiffre constant représentera la différence entre la dizaine immédiatement supérieure au terme multiplicateur et ce terme lui-même, ou bien encore le rang de ce terme dans la progression. Ainsi 12 345 679 × 63 = 777 777 777. (70 — 63 = 7 ; le nᵒ du terme 63 est 7). Ce résultat s'explique facilement. On a, en effet,

$$12 345 679 \times 9 = 111 111 111$$

et

$$12345679 \times 63 = 12345679 \times 9 \times 7$$
$$= 111111111 \times 7 = 777777777.$$

Le nombre 123456789.

38. Si l'on multiplie le nombre 123456789, formé avec les 9 chiffres significatifs écrits dans leur ordre naturel, par chacun des chiffres significatifs non divisibles par 3, c'est-à-dire par 1, 2, 4, 5, 7, 8, on obtient comme produits des nombres formés avec les 9 chiffres significatifs pris chacun une seule fois.

Ces produits sont, en effet, les nombres suivants :

$$\text{Produit par } 1 : 123456789,$$
$$- \quad 2 : 246913578,$$
$$- \quad 4 : 493827156,$$
$$- \quad 5 : 617283945,$$
$$- \quad 7 : 864197523,$$
$$- \quad 8 : 987654312.$$

Le nombre 134498697.

39. *Ecrire le nombre 134498697 en employant une seule fois chacun des 9 chiffres significatifs.*

On a $\quad 134498697 = 1 + 2^3 + 4^5 + 6^7 + 8^9.$

CHAPITRE II .

LES OPÉRATIONS ARITHMÉTIQUES

Nous démontrerons d'abord les propositions suivantes qui nous serviront constamment par la suite.

40. *Pour multiplier une somme par un nombre, il suffit de multiplier chaque partie de la somme par ce nombre et de faire la somme des résultats.*

Soit par exemple à multiplier $5 + 2 + 3$ par 4. Il faut prouver que

$$(5 + 2 + 3)4 = 5 \times 4 + 2 \times 4 + 3 \times 4.$$

Nous nous servirons à cet effet d'un procédé de calcul original qui peut souvent être employé dans l'Arithmétique des nombres entiers et dont Édouard Lucas paraît avoir été le premier à faire usage d'une façon systématique dans sa *Théorie des Nombres*. On verra quelle ressource il peut offrir aux personnes qui ne sont pas familiarisées avec les méthodes algébriques.

Imaginons un damier, à l'intersection des lignes duquel nous placerons des pions de même couleur, de façon à former un rectangle ABCD (*fig.* 1) contenant

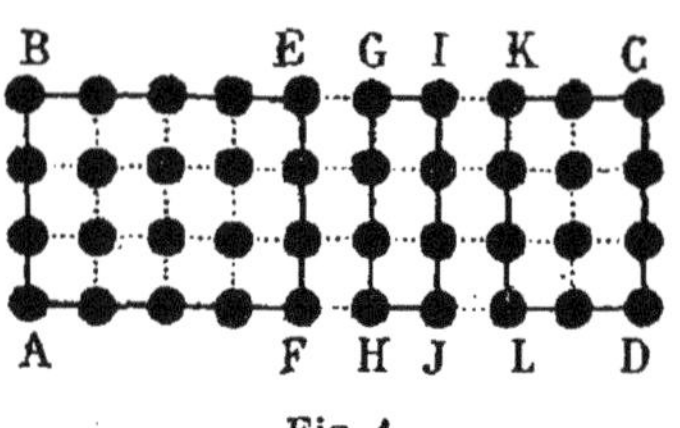

Fig. 1.

$(5 + 2 + 3)$ pions sur sa base BC et 4 sur sa hauteur AB.

Le rectangle tout entier contient évidemment

$$(5 + 2 + 3)\ 4 \text{ pions.}$$

On voit qu'il peut se décomposer en 3 rectangles contenant respectivement : le premier, ABEF, 5×4 pions ; le second, GHJI, 2×4 pions ; et le troisième, KLDC, 3×4 pions. Si l'on admet qu'un pion représente une unité, on a bien par suite

$$(5 + 2 + 3)4 = 5 \times 4 + 2 \times 4 + 3 \times 4.$$

41. *Pour multiplier une différence par un nombre, on peut multiplier chaque partie de la différence par ce nombre et faire la différence des produits.*

Soit par exemple à multiplier $(5 - 2)$ par 4.

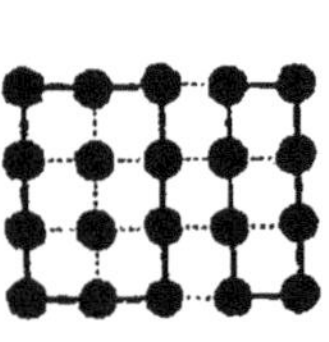

Fig. 2.

En opérant comme ci-dessus, on voit (*fig.* 2) que le rectangle de côtés $(5 - 2)$ et 4 est égal à la différence entre le rectangle de côtés 5 et 4 et le rectangle de côtés 2 et 4, c'est-à-dire qu'on a

$$(5 - 2)4 = 5 \times 4 - 2 \times 4.$$

42. *Pour multiplier deux sommes entre elles, on peut multiplier chaque partie de la première par chaque partie de la seconde et faire la somme des résultats.*

Soit à multiplier $(5 + 4)$ par $(3 + 2)$. On voit sur la

figure 3 que le rectangle de côtés $(5+4)$ et $(3+2)$ est égal à la somme des rectangles de côtés 3 et 5, 3 et 4, 2 et 5, 2 et 4, c'est-à-dire qu'on a

$$(5+4)(3+2) = 3\times5+3\times4+2\times5+2\times4.$$

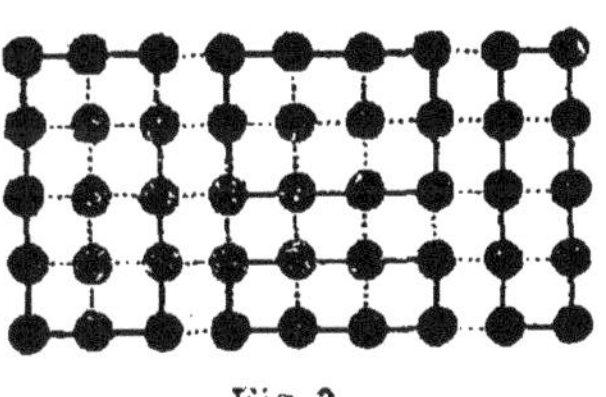

Fig. 3.

Nous avons supposé, pour simplifier la figure, que les sommes considérées n'étaient divisées chacune qu'en deux parties ; mais on verra facilement que la démonstration est toute pareille dans le cas contraire.

On pourrait d'ailleurs déduire cette proposition de celle du n° 40.

Enfin, on démontrerait aussi aisément les propositions analogues relatives aux produits d'une somme par une différence ou d'une différence par une différence.

43. Supposons que toutes les parties d'une somme soient divisibles par un même nombre. Mettons entre parenthèses la somme des quotients des différentes parties par ce nombre et plaçons ce dernier en évidence devant la parenthèse. Le résultat est égal au premier (40). On appelle cette opération *mettre en facteur commun*.

Ainsi $10+15+35$ peut s'écrire $5(2+3+7)$.

44. *On fait choisir à une personne deux nombres parmi une certaine quantité d'autres ; la personne fait ce choix à votre insu, additionne les deux nombres,*

efface un chiffre du total et vous fait connaître seulement la somme des chiffres restants. Il s'agit d'après cela de déterminer le chiffre effacé.

On prend les nombres en question tous divisibles par 9 (15). La somme des chiffres du total de deux de ces nombres est également un multiple de 9 et le chiffre cherché est égal à la différence entre le multiple de 9 immédiatement supérieur à la somme des chiffres restants et cette somme elle-même.

Supposons, par exemple, que les deux nombres choisis soient 261 et 423, dont la somme est 684 et que le chiffre effacé soit 8. La somme des chiffres restants étant 10, on trouve immédiatement que le chiffre effacé est bien $18 - 10 = 8$.

Ce raisonnement est en défaut lorsque la somme des chiffres restants est un multiple de 9 : le chiffre effacé peut être alors 0 ou 9. Pour obvier à cet inconvénient, on prend les nombres à faire choisir de telle sorte que la somme de deux quelconques d'entre eux ne renferme jamais de zéro ; par exemple, on prendra la suite 18, 36, 63, 81, 108, 135, dont tous les termes satisfont à cette condition. Dans ce cas, ce ne sera jamais un zéro qui aura été effacé ; on pourra donc dire à coup sûr, si la somme des chiffres restants est multiple de 9, que le chiffre effacé est 9.

La multiplication ramenée à une addition.

45. Soit à multiplier 45 par 123.

On écrit 45 une fois, puis on le place au-dessous 2 fois en avançant d'un rang vers la droite, puis 3 fois en avançant encore d'un rang et on fait ensuite l'addition.

$$
\begin{array}{r}
45.. \\
45. \\
45. \\
45 \\
45 \\
45 \\
\hline
5535
\end{array}
$$

Cette opération se comprend sans autre explication.

La table de Pythagore en Syrie.

46. Pour opérer les multiplications, on s'astreint à retenir de mémoire seulement les produits des entiers entre eux de 1 jusqu'à 5 fois 5. Connaissant ces produits, on pourra obtenir les autres jusqu'à 9 fois 9 de la manière suivante.

Soit par exemple à trouver le produit

$$7 \times 9 = (5 + 2)(5 + 4).$$

On lève 2 doigts dans une main, 4 doigts dans l'autre; il y a donc $5 - 2 = 3$ doigts baissés dans la première et $5 - 4 = 1$ doigt dans la seconde. Le produit cherché est alors égal au nombre de dizaines marqué par la quantité de doigts levés $(2 + 4 = 6$ dizaines ou 60), plus le produit des unités que représentent les doigts baissés $(3 \times 1 = 3$ unités), soit $60 + 3 = 63$. On a bien en effet (42, 43)

$$(5 + 2)(5 + 4) = 10(2 + 4) + (5 - 2)(5 - 4).$$

La multiplication d'Inaudi.

47. Le fameux calculateur Inaudi se sert pour la multiplication d'une méthode particulière. Il faut dire tout d'abord que le jeune prodige ne fait que du calcul mental et cependant il donne facilement et rapidement le produit de deux nombres de 10 chiffres. Voici comment il opérera, par exemple, pour multiplier 532 par 468 :

$$500 \times 400 = 200\,000$$
$$500 \times 68 = 34\,000$$
$$468 \times 30 = 14\,040$$
$$468 \times 2 = 936$$

$$\text{Total} = 248\,976$$

Pour prouver que la méthode suivie est exacte, il nous suffira de remarquer (**40**) que

$$532 \times 468 = (500 + 32) \times 468 = 500 \times 468 + 32 \times 468$$
$$= 500 \times 400 + 500 \times 68 + 30 \times 468 + 2 \times 468.$$

La multiplication commencée par la gauche.

48. On peut commencer une multiplication par les chiffres à gauche du multiplicateur et l'opération n'est pas plus longue. En opérant comme il est indiqué ci-après pour le produit de 432 par 647, on voit qu'on a les mêmes produits partiels qu'à l'ordinaire, mais rangés dans un ordre inverse. En outre pour faire correspondre les unités de même espèce, il faut avancer chaque produit partiel d'un rang vers la droite par rapport au produit précédent, au lieu de le reculer d'un rang vers la gauche, comme dans la multiplication habituelle. Nous donnons d'ailleurs les deux modes de multiplication afin de permettre la comparaison :

$$\begin{array}{r} 432 \\ 647 \\ \hline 3024 \\ 1728 \\ 2592 \\ \hline 279504 \end{array} \qquad \begin{array}{r} 432 \\ 647 \\ \hline 2592 \\ 1728 \\ 3024 \\ \hline 279504 \end{array}$$

La multiplication par 9999...

49. Soit à multiplier un nombre par 999. Puisque $999 = 1000 - 1$, il suffit (**41**) de multiplier le nombre donné par 1000 et de retrancher ce nombre du résultat.

Ainsi pour multiplier 46527 par 999, on écrira d'abord une fois 46527, puis une seconde fois au-dessous en l'avançant de 3 rangs (autant de rangs qu'il y a de 9 dans 999...) vers la droite et on fera la soustraction.

$$\begin{array}{r} 46527\ldots \\ 46527 \\ \hline 46480473 \end{array}$$

La multiplication par 9.

50. Pour multiplier un nombre par 9, on pourra de même multiplier d'abord le nombre par 10, puis le retrancher du résultat. Cette remarque va nous conduire à de curieuses égalités indiquées dans le *Talkhys* d'Ibn-al-Banna (**25**).

1° La multiplication par 9 du nombre 123456789 formé avec les 9 chiffres significatifs dans leur ordre naturel peut se faire à l'aide de la soustraction suivante :

$$123456789.$$
$$123456789$$

$$\overline{1111111101}$$

Ajoùtant 10 à la différence obtenue, **on trouve**
1111111111. En opérant de même pour un nombre
composé des 8, 7, 6, ... premiers chiffres, on a le tableau
ci-après :

$$0 \times 9 + \ 1 = 1$$
$$1 \times 9 + \ 2 = 11$$
$$12 \times 9 + \ 3 = 111$$
$$123 \times 9 + \ 4 = 1111$$
$$1234 \times 9 + \ 5 = 11111$$
$$12345 \times 9 + \ 6 = 111111$$
$$123456 \times 9 + \ 7 = 1111111$$
$$1234567 \times 9 + \ 8 = 11111111$$
$$12345678 \times 9 + \ 9 = 111111111$$
$$123456789 \times 9 + 10 = 1111111111$$

Le nombre ajouté indique le nombre des chiffres 1
correspondants.

2° La multiplication par 9 du nombre 987654321
composé avec les 9 premiers chiffres dans l'ordre naturel renversé peut se faire à l'aide de la soustraction
suivante :

$$987654321.$$
$$987654321$$

$$\overline{8888888889}$$

Ce nombre, diminué de 1, donne 8888888888. En
opérant de même pour les nombres composés des 8, 7,
6, ... premiers chiffres, on a les égalités ci-après :

$$0\times9+8 = 8$$
$$9\times9+7 = 88$$
$$98\times9+6 = 888$$
$$987\times9+5 = 8888$$
$$9876\times9+4 = 88888$$
$$98765\times9+3 = 888888$$
$$987654\times9+2 = 8888888$$
$$9876543\times9+1 = 88888888$$
$$98765432\times9+0 = 888888888$$
$$987654321\times9-1 = 8888888888$$

**Produits de nombres composés d'un seul chiffre
répété le même nombre de fois.**

51. Soient par exemple, les chiffres 9 et 6. On a

$$9\times6 = 54$$
$$99\times66 = 6534$$
$$999\times666 = 665334$$
$$9999\times6666 = 66653334$$

. . . .

Ce tableau est facile à prolonger. Voici d'ailleurs la
règle à suivre pour les produits analogues, règle ex-
traite du *Talkhys* et qu'on justifiera aisément : « On fait
« le produit du chiffre (9) du multiplicande par le chif-
« fre (6) du multiplicateur ; le chiffre des unités (4) sera
« celui du produit cherché. Quant au chiffre (5) des
« dizaines de ce premier produit préliminaire, il devra
« être flanqué à gauche d'autant de fois le chiffre (6) du
« multiplicateur qu'il y a de chiffres moins 1 dans l'un
« quelconque des facteurs proposés et à droite, d'un
« même nombre de chiffres tous égaux à la différence (3)
« entre le chiffre (9) du multiplicande et le chiffre (6)

« du multiplicateur. C'est à l'extrême droite du nombre
« ainsi obtenu qu'on écrira le chiffre (4) des unités du
« produit préliminaire. »

PROBLÈME

52. *Trouver deux nombres tels, qu'étant multipliés entre eux ils donnent un certain produit, et que renversés ils donnent comme nouveau produit le premier renversé.*

Il est clair qu'on pourra toujours satisfaire à ce problème en prenant deux nombres qui multipliés entre eux ne produisent pas de retenues, soit dans la formation des différents produits partiels, soit dans l'addition donnant le produit total. Ainsi

$$41 \times 2 = 82 \quad \text{et} \quad 14 \times 2 = 28,$$
$$32 \times 21 = 672 \quad \text{et} \quad 23 \times 12 = 276,$$
$$312 \times 221 = 68952 \quad \text{et} \quad 213 \times 122 = 25986.$$

La division par soustractions successives.

53. Soit à diviser 1047 par 45. Le quotient n'a que deux chiffres.

$$
\begin{array}{r|l}
1\,047 & 45 \\
450 & \overline{23} \\
\hline
597 & \\
450 & \\
\hline
147 & \\
45 & \\
\hline
102 & \\
45 & \\
\hline
57 & \\
45 & \\
\hline
12 & \\
\end{array}
$$

Le produit d'une dizaine du quotient par 45 étant 450, le chiffre des dizaines du quotient est par suite égal au nombre de fois que 1047 contient 450 ou encore au nombre de fois qu'on peut retrancher 450 de 1047. En faisant les soustractions successives, on voit que le chiffre des dizaines est 2. En cherchant de même combien de fois on peut retrancher 45 du reste obtenu, on trouve que le chiffre des unités est 3.

La division ramenée à une suite d'additions.

54. On peut ramener la division à une suite d'additions par l'emploi. des compléments arithmétiques. Nous rappellerons que le complément arithmétique d'un nombre est la différence entre la puissance de 10 immédiatement supérieure au nombre considéré et ce nombre lui-même. Ainsi $89\,431 = 100\,000 - 10\,569$ est le complément de $10\,569$.

Soit d'abord à diviser deux nombres dont le quotient n'a qu'un seul chiffre, par exemple $73\,988$ et $10\,569$. On a

$$73\,988 = 10\,569 \times 7 + 5 = (100\,000 - 89\,431)\,7 + 5$$

ou **(41, 3)**

$$73\,988 + 89\,431 \times 7 = 700\,005.$$

Donc en multipliant le complément du **diviseur** par le chiffre du quotient et l'ajoutant au dividende, on obtient d'abord le reste (5) et à sa gauche, le chiffre (7) du quotient, ce qui servira de contrôle. Pour justifier cette dernière propriété, il suffit de remarquer que le reste est toujours plus petit que le diviseur et *a fortiori* inférieur à la puissance de 10 immédiatement supérieure à ce diviseur ; par suite, dans l'addition dont nous venons de parler, le reste n'affectera jamais le premier chiffre du résultat.

Soit maintenant à diviser $73\,988$ par 214. Le complément de 214 étant 786, on disposera l'opération comme suit :

$$
\begin{array}{r|l}
73\,988 & 214 \mid 786 \\
\cline{2-2}
3.0978 & 345 \\
4.1228 & \\
5.158 & \\
\end{array}
$$

Le quotient a 3 chiffres ; le chiffre des centaines paraît être 3. La remarque précédente va nous permettre de vérifier l'exactitude de ce chiffre. En effet, d'après cette remarque, le premier reste s'obtient en multipliant 786 par 3 et en ajoutant le résultat au premier dividende partiel 739 ; l'addition se fait d'ailleurs au fur et à mesure, comme la soustraction dans la division habituelle. On trouve ainsi 3097 ; le reste est donc 97 et comme il est inférieur à 214, le chiffre 3 est exact. En abaissant le chiffre 8, on opère sur le deuxième dividende partiel 978 comme sur le premier ; on trouve finalement comme quotient 347 et 158 pour reste. On voit que le quotient se trouve écrit à gauche de l'opération.

La division par 9999...

55. Soit à diviser 248 651 par 999. Dans 248 651, il y a 248 fois 1000 plus 651 ; or 248 fois 1000 contiennent 248 fois 999 plus 248 fois 1. Donc 248 651 renferme 248 fois 999 plus 651 plus 248, c'est-à-dire

$$248 \text{ fois } 999 + 899.$$

Ainsi le quotient de la division de 248 651 par 999 est 248 et le reste 899.

Division rapide d'un nombre exactement divisible par 999...

56. Soit à trouver le quotient de 5 667 849 par 99.

On retranche le nombre donné d'un nombre qui ayant 2 zéros à sa droite (autant de zéros que de 9 dans le diviseur), aurait pour autres chiffres ceux que fournit la soustraction elle-même. Ainsi 9 de 10 reste 1,

5 de 10 reste 5. Les 2 chiffres du nombre supérieur placés à gauche des zéros seront donc d'après cette règle 1 et 5 et en continuant ainsi, la différence obtenue ou 57251 sera le quotient cherché.

$$
\begin{array}{r}
5\,725\,100 \\
5\,667\,849 \\
\hline
57\,251
\end{array}
$$

En effet, le produit de 99 par ce quotient doit être égal à 5 667 849. 100 fois le quotient dépassent donc d'une fois sa valeur le nombre 5 667 849, c'est-à-dire que le quotient est égal à la différence entre 100 fois sa valeur et 5 667 849. Or, nous ne connaissons pas le nombre valant 100 fois le quotient, mais nous savons que ses deux derniers chiffres sont des zéros ; les 2 derniers chiffres du quotient sont donc $100 - 49 = 51$ et ainsi de suite.

C'est un procédé très simple pour effectuer la division par 9, car on peut savoir immédiatement si un nombre est ou non divisible par 9; s'il l'est, on applique la règle donnée ; s'il ne l'est pas, on peut trouver par un calcul rapide (15, 2°) le reste de la division, reste qu'il suffit de retrancher du nombre donné pour avoir un nombre divisible par 9 et se trouver ainsi dans le cas considéré.

Division rapide d'un nombre exactement divisible par 11.

57. Soit à trouver le quotient de 345 785 par 11.

On retranche du dividende un nombre qui, ayant 0 pour chiffre des unités, aurait pour chiffres suivants ceux que fournit la soustraction elle-même. On trouve ainsi 31 435. Cette règle se justifie comme celle du numéro précédent.

$$
\begin{array}{r}
345\,785 \\
314\,350 \\
\hline
31\,435
\end{array}
$$

Division rapide d'un nombre exactement
divisible par 111...

58. Soit à trouver le quotient de 2 615 294 par 1 111.

La règle est ici un peu moins simple, mais aussi aisée à justifier. Comme $1111 = 1 + 10 + 100 + 1000$, on retranche du dividende la somme de 3 nombres dont les derniers chiffres à droite sont respectivement 1, 2 et 3 zéros, les chiffres suivants étant ceux fournis par la soustraction elle-même. On trouve ainsi 2354 pour quotient.

$$2615294$$
$$\overline{23540}$$
$$235400$$
$$2354000$$
$$\overline{2354}$$

Pour un diviseur composé de 5 chiffres 1, on aurait à retrancher la somme de 4 nombres terminés par 1, 2, 3 et 4 zéros, et ainsi de suite.

PROBLÈME

59. *Connaissant le dividende, le diviseur et le reste d'une division, comment peut-on retrouver les chiffres du quotient de droite à gauche ?*

Comme le produit du diviseur par le quotient est égal au dividende diminué du reste, ce problème se ramène à celui-ci :

Trouver de droite à gauche les chiffres du quotient de deux nombres entiers divisibles l'un par l'autre.

Nous distinguerons 4 cas, suivant que le diviseur est terminé :

1° par un chiffre pair significatif ;

2° par un 5 ;

3° par un zéro ;

4° par un chiffre impair autre que 5.

Le premier et le deuxième cas se ramènent au quatrième en divisant les entiers donnés par la plus haute puissance de 2 ou de 5 qui divise exactement le diviseur. Le troisième cas se ramène à un des trois autres en divisant les deux nombres par la plus haute puissance de 10 qui contient le diviseur. On peut donc toujours supposer que le diviseur est terminé par un chiffre impair autre que 5.

Or les produits des 10 nombres d'un seul chiffre par un même chiffre impair autre que 5 sont terminés par des chiffres tous différents. Il en résulte que les chiffres des unités d'un dividende et d'un diviseur divisibles l'un par l'autre suffisent pour déterminer le chiffre des unités du quotient, lorsque, dans le diviseur, ce chiffre est impair et autre que 5.

Ensuite, les deux entiers étant divisibles l'un par l'autre, le chiffre des dizaines du quotient est le chiffre des unités d'une division ayant pour diviseur le diviseur donné et dont le dividende s'obtient en supposant un zéro à la droite de la différence entre le dividende donné et le produit du diviseur par le chiffre déjà trouvé des unités du quotient.

On opérera de même pour les autres chiffres du quotient.

Afin d'éclaircir ce que nous venons de dire, nous allons chercher le quotient de 470 790 806 200 000 par 6 637 587 500. En divisant en même temps le dividende et le diviseur successivement par $10^2 = 100$ et $5^3 = 125$, afin de ramener le problème au quatrième cas, la question revient à trouver de droite à gauche le quotient de 37 663 264 496 par 531 007. Le diviseur étant terminé par un 7, le problème est maintenant, en effet, soluble. Voici comment on pourra disposer l'opération :

Dividende	Diviseur	Quotient
470 790 806 200 000	6 637 587 500	»
4 707 908 062 000	66 375 875	»
37 663 264 496	531 007	8
37 659 016 44		2
376 483 96 3		9
37 170 490		0
3 7170 49		7
0 0000		

En opérant comme il a été expliqué et effectuant immédiatement, comme dans la division habituelle, les différences entre chaque dividende partiel et le produit du diviseur par le chiffre correspondant du quotient, on trouve pour quotient 70 928.

On verra dans le chapitre VII le parti qu'on peut tirer des n°ˢ **56** à **60** pour la résolution de certains problèmes qui paraissent au premier abord fort embarrassants.

Les quatre opérations chez les différents peuples.

60. Dans l'antiquité. — La numération décimale actuelle, qui paraît nous être venue de l'Inde et nous avoir été transmise par les Arabes, semble aussi avoir été connue en Chine à une époque très reculée. Mais à part les Hindous et les Chinois, les peuples de l'antiquité, tout en employant le système décimal, n'avaient pas eu cette idée si heureuse et si féconde qui fait qu'avec 9 chiffres dont la valeur augmente en progression décuple à me-

sure qu'on les avance vers la gauche, nous sommes en
état d'exprimer les nombres les plus considérables.

Les Égyptiens, dans leur écriture hiéroglyphique,
employaient un signe particulier pour représenter
l'unité de chaque ordre. Aussi étaient-ils obligés, pour
exprimer un nombre, de répéter le signe de chaque
espèce d'unité autant de fois que le nombre contenait
cette unité. Ainsi ils représentaient l'unité simple par
une ligne verticale, la dizaine, par une portion de circonférence, la centaine par une feuille de palmier en-
roulée, le mille par une fleur de lotus, la dizaine de
mille par un doigt recourbé.

Les Phéniciens et les Hébreux tirèrent leurs chiffres
de leur propre alphabet composé de 22 lettres, parmi
lesquelles 5 pouvaient recevoir une forme finale, soit
en tout 27 caractères. Les unités étaient représentées
par les 9 premières lettres, les dizaines par les 9 suivantes, les centaines par les 4 dernières et les 5 finales ;
les mille, les dizaines et centaines de mille, par les
mêmes caractères surmontés de 2 points.

Les Grecs paraissent avoir emprunté complètement,
tout en le perfectionnant par la suite, leur système de
numération aux Phéniciens. Ils se servaient pour désigner les unités, les dizaines et les centaines, des 24 lettres de leur alphabet et en outre de 3 caractères particuliers ; ils employaient les mêmes signes affectés d'un
accent placé au-dessous et à gauche de chacun d'eux
pour représenter les mille, dizaines et centaines de
mille. On ne trouve la trace du zéro que dans les travaux de Ptolémée pour indiquer la place d'un ordre qui
manque entièrement.

Le système de numération des Romains, que tout

le monde connaît, était bien inférieur à celui des Grecs ; il introduisait dans les calculs une grande complication. On sait que les Romains n'employaient en guise de chiffres que les 7 lettres C, D, I, L, M, V, X.

Nous donnerons seulement un exemple de multiplication par la méthode grecque, les procédés des autres peuples dont nous avons parlé s'en rapprochant plus ou moins. A cet effet, nous traduirons en chiffres arabes les nombres écrits en caractères grecs, en affectant chaque chiffre des lettres y, m, c, d, u, désignant respectivement les myriades ou dizaines de mille, les mille, les centaines, les dizaines et les unités.

Soit, par exemple, à élever au carré le nombre $5^c 7^d 1^u$ (*). Nous disposerons l'opération comme suit :

$$
\begin{array}{r}
5^c\,7^d\,1^u \\
5^c\,7^d\,1^u \\
\hline
25^y 3^y\ 5^m\ \ 5^c \\
3^y 5^m 4^m\ 9^c\,7^d \\
5^c\,7^d\,1^u \\
\hline
32^y\ \ 6^m\qquad 4^d 1^u
\end{array}
$$

Nous effectuons le produit du multiplicande par chaque chiffre du multiplicateur et nous décomposons chacun de ces produits partiels en multipliant chacun des chiffres du multiplicande par le chiffre correspondant du multiplicateur (42). On obtient ainsi

1er Produit partiel :

$5 \times 5^c = 25^y$, $7^d \times 5^c = 3^y 5^m$, $1^u \times 5^c = 5^c$,   soit $25^y 3^y 5^m 5^c$;

2e Produit partiel :

$5^c \times 7^d = 3^y 5^m$, $7^d \times 7^d = 4^m 9^c$, $1^u \times 7^d = 7^d$,   soit $3^y 5^m 4^m 9^c 7^d$;

3e Produit partiel :

$5^c 7^d 1^u \times 1^u = 5^c 7^d 1^u$,   soit $5^c 7^d 1^u$.

(*) Delambre, *Arithmétique des Grecs*.

En faisant l'addition des unités de même ordre de ces 3 produits partiels, on a le produit cherché.

L'addition, la soustraction et la division des Grecs, comme leur multiplication d'ailleurs, étaient toutes pareilles à nos opérations complexes (opérations sur les nombres représentant des secondes, des minutes, etc.).

61. En Chine. — Des temps les plus reculés jusque vers le xiii⁰ siècle de notre ère, les Chinois effectuèrent leurs calculs au moyen de courtes baguettes de bambou ou d'ivoire (*). Pour représenter les 9 chiffres, ces baguettes étaient assemblées de la manière suivante :

$$\text{I}\quad\text{II}\quad\text{III}\quad\text{IIII}\quad\text{IIIII}\quad\text{T}\quad\text{TT}\quad\text{TTT}\quad\text{TTTT}$$
$$1\quad2\quad3\quad4\quad5\quad6\quad7\quad8\quad9$$

ou bien dans une position renversée : ainsi ≡ pour 2, ⊥ pour 6, etc. 4 s'indiquait aussi par deux fiches disposées de cette façon : ✕.

Ce système de chiffres se retrouve dans les anciens ouvrages mathématiques où des barres verticales et horizontales remplacent les baguettes précédentes. Les nombres autres que 1, 2, ... 9, étaient représentés à l'aide de valeurs de position données aux chiffres écrits les uns à côté des autres, comme dans notre système décimal. Le zéro était, d'ailleurs, employé comme de nos jours pour marquer l'absence d'un ordre quelconque d'unités. Cette représentation des nombres a été imaginée en Chine bien avant l'invention du système chiffré des Arabes.

(*) *Recherches sur l'abaque chinois et sur sa dérivation des anciennes fiches à calcul*, par M. A. Vissière.

Nous donnons ci-dessous un exemple de soustraction emprunté à un ouvrage chinois du xiii° siècle de notre ère (*) :

$$1\,470\,000$$
$$64\,464$$
$$\overline{1\,405\,536}$$

Actuellement, les Chinois se servent, pour effectuer leurs calculs, d'un abaque communément appelé *souan p'an* ou *plateau à calcul*. On le trouve aussi bien dans les mains du mathématicien que dans la maison du banquier, la boutique du marchand ou le panier du colporteur qui ne sait pas écrire (**). L'abaque est formé d'une caisse plate en bois de forme rectangulaire dont les bords transversaux sont réunis par une traverse longitudinale (*fig.* 4). Parallèlement aux petits côtés de la caisse, est disposée une série de tiges fixées aux bords supérieur et inférieur. Sur chacune de ces tiges peuvent glisser 7 boules légèrement aplaties, 2 dans le compartiment

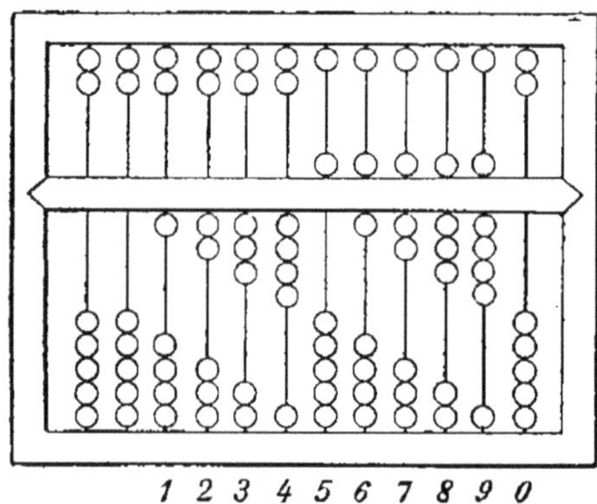

Fig. 4.

---

supérieur et 5 dans le compartiment inférieur. Ces tiges sont généralement au nombre d'une douzaine ; mais ce nombre peut être augmenté, selon les besoins du calculateur.

Voici maintenant les conventions adoptées pour faire usage de l'instrument. 1° Chacune des boules d'une tige déterminée représente des unités du même ordre : chaque boule du compartiment supérieur vaut 5 de ces unités et chaque boule du compartiment inférieur, une unité seulement. 2° Les unités figurées par une certaine tige sont dix fois plus grandes que celles représentées par la tige qui se trouve immédiatement à sa droite. On peut d'ailleurs choisir une tige quelconque pour celle des unités simples.

Un nombre se représentera en faisant glisser sur les tiges correspondantes, vers la barre de séparation, les boules dont les valeurs réunies soient, d'après les conventions précédentes, précisément égales à la valeur du nombre considéré. La figure 4 donne la représentation sur l'abaque du nombre 1 234 567 890.

On voit combien il existe d'analogie entre le système chiffré des barres numérales et cet appareil. Dans les deux cas, les nombres se représentent de la même manière : pour les 5 premiers nombres, il y a identité et pour les 4 suivants, la barre supérieure des chiffres T, TT, TTT, TTTT représente assurément 5 unités, comme chacune des deux boules du compartiment supérieur de l'abaque. Seulement, on a ajouté dans ce compartiment une boule de plus pour la commodité des calculs. Les nombres plus élevés se forment d'ailleurs dans les deux cas comme dans notre système décimal. L'abaque, qui est d'invention relativement récente (xiiie

ou xiv° siècle), ne paraît donc être au fond que la trans-
formation pratique des anciennes baguettes à calcul.

On peut effectuer toutes les opérations arithmétiques
à l'aide de l'abaque. Soit par exemple à ajouter les

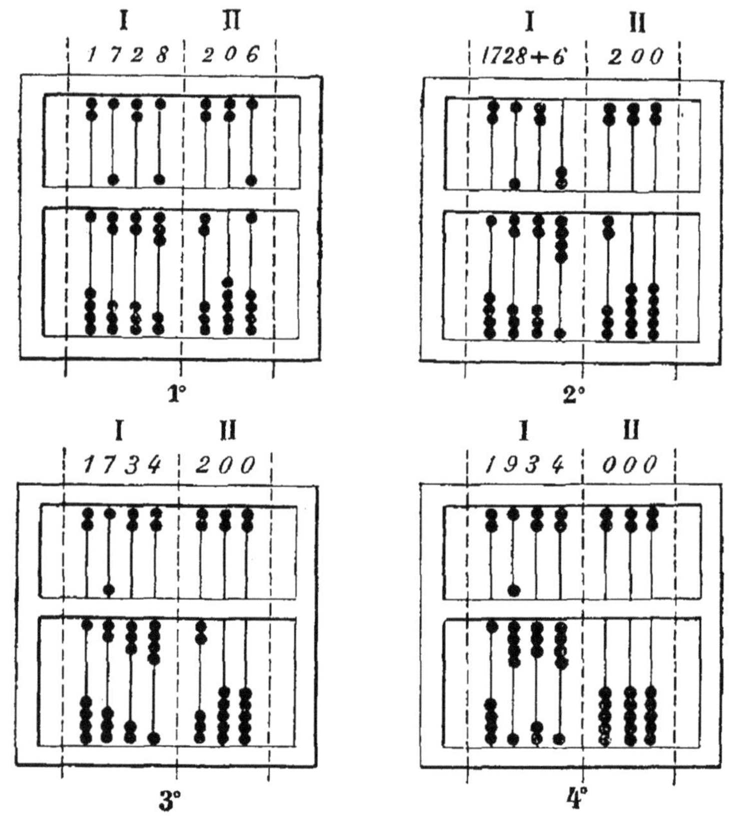

Fig. 5.

nombres 1728 et 206. Voici les phases successives du
calcul (*fig.* 5).

On ajoute au premier nombre (I) successivement les
unités (2° et 3°), les dizaines (ici 0), les centaines (4°),
etc... du second (II). Pour ajouter les unités par exemple,
on replace en haut la boule du compartiment supérieur
et en bas la boule du compartiment inférieur de la der-

nière tige de II, qui se trouvent près de la barre de séparation. On rapproche au contraire de cette barre une boule du compartiment supérieur et une du compartiment inférieur de la dernière tige de I. On obtient de cette manière la figure (2°). Comme dans la dernière tige de I, on a ainsi un nombre supérieur à **10, on** replace en haut les 2 boules du compartiment supérieur, et laissant en place les 4 du compartiment inférieur, on rapproche de la barre de séparation, dans le **compartiment inférieur, une boule de l'avant-dernière tige de I;** en définitive, on a, par cette dernière opération, enlevé une dizaine de la dernière tige de I pour la reporter à l'avant-dernière. On obtient ainsi la figure (**3°**).

La figure (4°) donne en I le résultat 1934; II est devenu 000. En résumé, nous avons en quelque sorte fait successivement passer sur I les boules représentant les unités, les dizaines et les centaines de II.

La soustraction s'effectuera d'une façon analogue, en commençant toutefois par la gauche.

La multiplication est un peu plus complexe. Soit, par exemple, à trouver le produit 73×45. On a (**42**)

$$73 \times 45 = (70 + 3)(40 + 5)$$
$$= (4 \times 7)^{\text{cent.}} + (4 \times 3)^{\text{diz.}} + (5 \times 7)^{\text{diz.}} + (5 \times 3)^{\text{unités}}.$$

On fera successivement les produits des nombres d'un seul chiffre indiqués entre parenthèses et on les ajoutera sur l'abaque au fur et à mesure qu'on les obtiendra.

Enfin on aura le quotient d'une division soit par soustractions successives (**53**), soit par un procédé semblable à celui ordinairement employé.

Les savants, tout en employant pour leurs calculs l'abaque ou les méthodes occidentales, sont restés fidèles, dans leurs livres, au système de représentation des nombres par des barres numérales.

Dans leurs relations commerciales et particulières, les Chinois emploient des chiffres qui ne sont que les précédents légèrement modifiés.

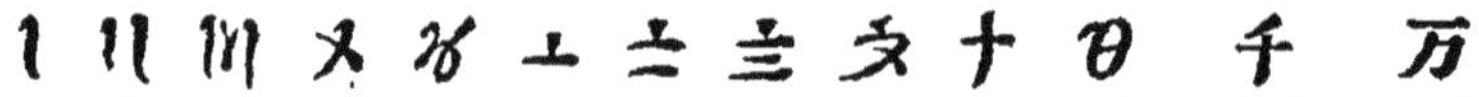

1	2	3	4	5	6	7	8	9	10	100	1000	10000

On voit que les dizaines, les centaines, etc.., sont représentées par un signe particulier. Le système de formation des nombres est donc moins simple que celui employé autrefois. Toutefois, ces signes particuliers, notamment pour les dizaines et les centaines, sont souvent omis et les nombres sont alors écrits à l'aide de valeurs de position données aux chiffres.

Enfin, les signes numériques qui figurent dans les ouvrages imprimés sont assez différents de ceux-là. Voici ces caractères :

一	二	三	四	五	六	七	八	九	十	百	千	萬
1	2	3	4	5	6	7	8	9	10	100	1000	10000

On pourrait faire à leur sujet les mêmes remarques que pour les chiffres commerciaux.

62. Chez les musulmans. — Nous allons indiquer, d'après un savant syrien du XVIIe siècle (*), les procédés employés par les peuples musulmans pour effectuer les quatre opérations.

(*) Beha-Eddin (1547-1622), auteur du *Khélasat al hissâb* (Essence de calcul), ouvrage très répandu dans la Perse et dans l'Inde. — Traduction A. Marre. Rome, 1864.

1° **Addition et soustraction.** — Les figures 6 et 7 peuvent dispenser d'explication. Les nombres à ajouter ou à soustraire sont disposés comme d'habitude, sauf qu'on renferme dans des colonnes les chiffres placés verticalement les uns au-dessous des autres. On ajoute ou on soustrait les chiffres placés dans une même colonne; on place le résultat obtenu, dans une troisième ligne, sous les nombres donnés. Enfin, dans une quatrième ligne, on écrit ce que deviennent les chiffres trouvés précédemment en tenant compte cette fois des retenues.

Addition.

5	2	5	3	7
2	7	9	4	2
7	9	4	7	9
8	0			

Fig. 6.

Soustraction.

9	2	6	3
6	2	7	4
3	0	9	9
2	9	8	

Fig. 7.

Ainsi dans les exemples choisis, les résultats sont, pour l'addition, 80 479 et pour la soustraction 2 989.

Cette manière d'opérer permet de commencer l'addition et la soustraction indifféremment par la droite ou par la gauche.

2° **Multiplication.** — Soit à multiplier 23 456 par 789.

Multiplication.

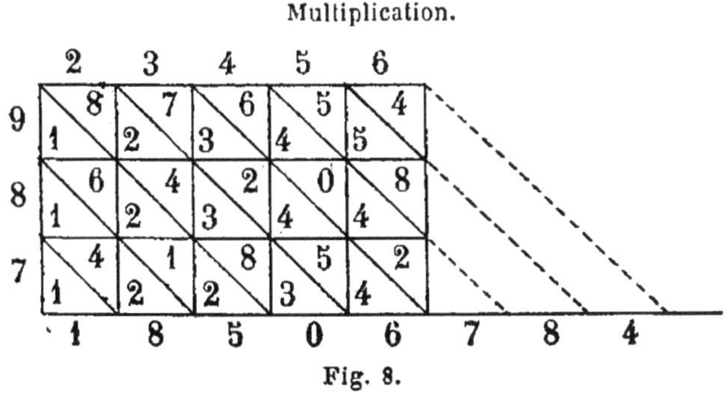

Fig. 8.

Le multiplicande ayant 5 chiffres et le multiplicateur 3, formons comme il est indiqué (*fig.* 8) un rectangle contenant $5 \times 3 = 15$ cases égales, chacune de ces cases étant divisée en deux triangles par une diagonale. Écrivons de gauche à droite chaque chiffre du multiplicande en regard de chacune des cases de la rangée horizontale supérieure, et, de bas en haut, chaque chiffre du multiplicateur en face de chacune des cases de la rangée verticale de gauche.

Multiplions maintenant chaque chiffre du multiplicande par chaque chiffre du multiplicateur et écrivons le résultat dans la case placée à l'intersection de la rangée verticale et de la rangée horizontale relatives aux chiffres considérés et de telle façon que le chiffre des dizaines du produit se trouve dans le triangle inférieur, et celui des unités dans le triangle supérieur.

On remarquera qu'avec ce procédé, il est indifférent de commencer la multiplication par la droite ou par la gauche.

Il suffit à présent, pour avoir le produit cherché, d'ajouter à partir de la droite les chiffres compris entre deux transversales consécutives, chiffres qui représentent des unités de même ordre. Ainsi on pose d'abord 4 ; 5, 5 et 8 donnent 18, on pose 8 et on retient 1, etc... On trouve ainsi que le produit est 18 506 784.

Cette règle pour la multiplication se justifie aisément. On a, en effet,

$$23\,456 \times 789$$

$$= (20\,000 + 3\,000 + 400 + 50 + 6)(9 + 80 + 700)$$

et on peut écrire **(42)**, les points représentant les zéros omis,

$$20\,000 \times 9 = \quad 18\dots$$
$$3\,000 \times 9 = \quad 27\dots$$
$$400 \times 9 = \quad 36\dots$$
$$50 \times 9 = \quad 45\,.$$
$$6 \times 9 = \quad 54$$

$$20\,000 \times 80 = \quad 16\dots$$
$$3\,000 \times 80 = \quad 24\dots$$
$$400 \times 80 = \quad 32\dots$$
$$50 \times 80 = \quad 40\dots$$
$$6 \times 80 = \quad 48\,.$$

$$20\,000 \times 700 = 14\dots$$
$$3\,000 \times 700 = 21\dots$$
$$400 \times 700 = 28\dots$$
$$50 \times 700 = 35\dots$$
$$6 \times 700 = 42\dots$$

$$18\,506\,784$$

Ce tableau, qui n'est que la figure 8 disposée d'une manière un peu différente, prouve l'exactitude de la règle.

Ce procédé de multiplication se trouvait déjà d'ailleurs dans le *Talkhys* et dans un ouvrage de Tartaglia, savant italien du XVIe siècle.

3° **Division.** — Soit à diviser 975 741 par 53.

Le dividende ayant 6 chiffres, on forme 6 colonnes verticales dans chacune desquelles on écrit un chiffre du dividende.

Afin d'effectuer les calculs par colonnes, on place le premier chiffre à gauche du diviseur à la partie inférieure du tableau sous le premier chiffre du dividende et on recule ce chiffre d'une colonne à droite à chaque nouveau chiffre du quotient. La division s'opère ensuite comme la nôtre, sauf que la différence entre chaque dividende partiel et le produit du diviseur par le chiffre correspondant du quotient s'effectue en plusieurs fois. Ainsi, pour le chiffre 8 du quotient par exemple, on a

$$53 \times 8 = (50 + 3)8 = 400 + 24\,;$$

on aura donc à retrancher du deuxième dividende partiel, 445 741, successivement les nombres 400 et 24. En continuant ainsi, on trouve pour quotient 18 410, qu'on écrit à la partie supérieure du tableau, et pour reste 11. Afin de rendre plus compréhensible la marche suivie, nous donnons ci-dessous, dans la forme habituelle, la division des deux nombres proposés.

Division.

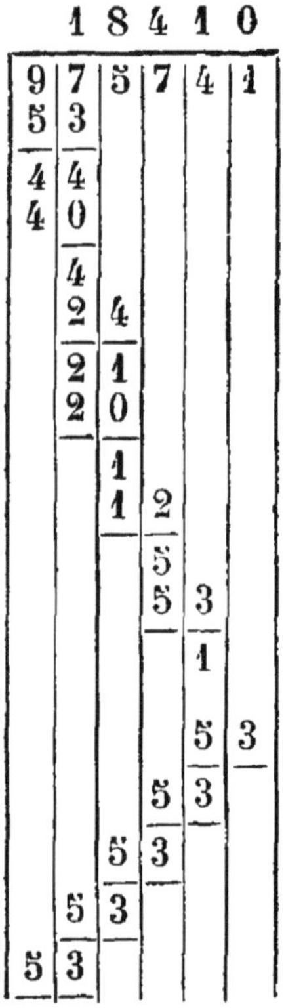

Fig. 9.

$$
\begin{array}{r|l}
975\,741 & 53 = 50 + 3 \\
53 & \overline{18410} \\
\hline
445 & \\
400 & \\
\hline
45 & \\
24 & \\
\hline
217 & \\
200 & \\
\hline
17 & \\
12 & \\
\hline
54 & \\
53 & \\
\hline
11 &
\end{array}
$$

63. En France au XV⁰ siècle. — A la fin du moyen âge, l'arithmétique des Arabes avait pénétré en France par l'Italie. On en trouve la preuve dans un manuscrit du xv⁰ siècle (*), dont l'auteur, Nicolas Chuquet, tout en utilisant les travaux de ses devanciers, perfectionne les méthodes.

Il expose ses propres recherches qui contiennent le germe de bien des découvertes ultérieures.

Il donne notamment pour la multiplication la règle actuellement en usage, en même temps que le procédé arabe (**62, 2°**). On trouve dans son manuscrit la curieuse table de multiplication que nous reproduisons ci-contre (*fig.* 10). On remarquera qu'elle ne donne que les produits d'un nombre d'un seul chiffre par les nombres d'un seul chiffre non inférieurs au premier. Mais elle est cependant, au fond, plus simple que la table habituelle, car on n'y voit inscrits que les produits strictement nécessaires : ainsi le produit 7 × 3, égal au produit 3 × 7, se trouve seul dans la table.

	1	2	3	4	5	6	7	8	9	0
1	1	2	3	4	5	6	7	8	9	0
	1	2	3	4	5	6	7	8	9	0
2	2	3	4	5	6	7	8	9	0	
	4	6	8	10	12	14	16	18	0	
3	3	4	5	6	7	8	9	0		
	9	12	15	18	21	24	27	0		
4	4	5	6	7	8	9	0			
	16	20	24	28	32	36	0			
5	5	6	7	8	9	0				
	25	30	35	40	45	0				
6	6	7	8	9	0					
	36	42	48	54	0					
7	7	8	9	0						
	49	56	63	0						
8	8	9	0							
	64	72	0							
9	9	0								
	81	0								
0	0									
	0									

Fig. 10.

(*) *Triparty en la science des nombres*, par Maître Nicolas Chuquet, Bachelier en Médecine à Paris. Cet important ouvrage, terminé en 1484, doit être considéré comme le plus ancien monument de la science arithmétique et algébrique française.

Enfin, sa méthode pour la division est, à peu de chose près, celle employée aujourd'hui. La seule différence réside dans la manière d'opérer les soustractions successives, que Nicolas Chuquet effectue de gauche à droite, par emprunts. Voici comment il procède pour diviser 7 500 409 par 879.

Le quotient s'écrit entre deux traits tracés, l'un sous le dividende, l'autre au-dessus du diviseur. Le premier chiffre du dividende, 7, étant inférieur au premier chiffre du diviseur, 8, le premier chiffre du quotient est 0, qu'on écrit sous le premier chiffre du dividende. Le second chiffre du quotient paraît être 8. Pour le vérifier, retranchons du dividende successivement le produit de 8 par 8 centaines, 7 dizaines et 9 unités. 8 fois 8 centaines font 64 centaines ; on retranche de 75, reste 11 centaines, nombre qu'on écrit au-dessus de 75. 8 fois 7 dizaines font 56 dizaines. Pour retrancher ces 56 dizaines, on emprunte d'abord 6 centaines aux 11 centaines précédentes sur lesquelles il en reste alors 5 qu'on écrit au-dessus de 11 ; 60 dizaines diminuées de 56 dizaines donnent 4, qu'on écrit au-dessus du premier zéro de gauche du dividende. En continuant ainsi et barrant au fur et à mesure les chiffres remplacés, on trouve pour quotient 8532 et pour reste final 781 . Les différents restes partiels se trouvent inscrits transversalement ; on pourrait les distinguer par leurs chiffres non rayés, mais nous avons, pour plus de clarté, réuni les chiffres de chacun d'eux par un trait pointillé.

CHAPITRE III

LES PROGRESSIONS

Somme des termes d'une progression arithmétique.

64. Soit la progression arithmétique

$$\div\ 2\,.\,5\,.\,8\,.\,11\,.\,14,$$

de raison 3 et contenant 5 termes. Nous voulons calculer la somme de ses termes par une méthode rapide qui s'applique à une progression d'un nombre quelconque de termes. Nous emploierons pour cela une représentation géométrique, comme nous l'avons déjà fait (40).

Imaginons un damier rectangulaire (*fig.* 11). Sur la première ligne horizontale et à son intersection avec les lignes verticales, plaçons successivement 2 pions noirs et 14 blancs ; sur la 2°, 5 noirs et 11 blancs ; sur la 3°, 8 noirs et 8 blancs ; sur la 4°, 11 noirs et 5 blancs ; et enfin sur la 5°, 14 noirs et 2 blancs, de

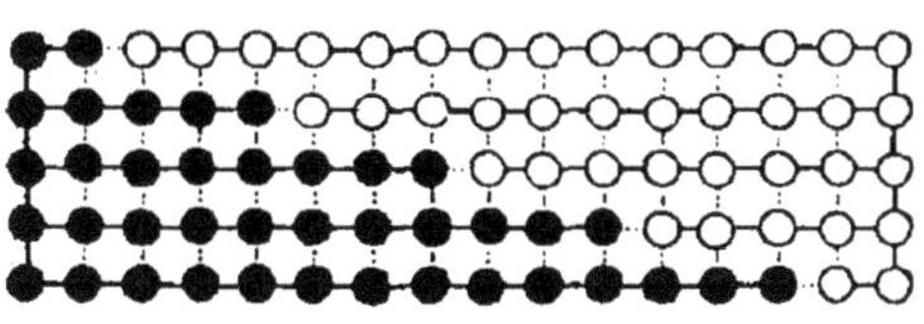

Fig. 11.

telle façon que la somme des pions d'une ligne quelconque soit toujours $14 + 2$.

Si l'on admet, comme au n° **40**, qu'un pion représente une unité, la somme des termes de la progression est évidemment égale au nombre total des pions noirs ou au nombre total des pions blancs, c'est-à-dire à la moitié de la somme totale des pions. Or cette somme totale est évidemment ($14 + 2$ colonnes à 5 pions chacune)

$$(14 + 2) \times 5.$$

Donc : *La somme des termes d'une progression arithmétique d'un nombre quelconque de termes est égale au demi-produit de la somme du premier et du dernier terme par le nombre des termes.*

Le jeu du piquet à cheval.

65. *Il se joue à deux. L'un des joueurs commence à un premier nombre plus petit que* 11. *L'autre ajoute au premier un second nombre plus petit que* 11 *et ainsi de suite. Le joueur qui arrive le premier au nombre* 100 *a gagné.*

On peut s'arranger de manière à gagner constamment à ce jeu, si le partenaire n'est pas lui-même prévenu. On tâche, à cet effet, de saisir un des termes de la progression arithmétique

$$\div \quad 12 . 23 . 34 . 45 . 56 . 67 . 78 . 89,$$

de raison 11 ; lorsqu'on aura pu y parvenir, l'autre joueur ayant choisi un nombre plus petit que 11, on prend la différence entre 11 et ce dernier nombre, de façon à tomber sur le terme suivant de la progression, et de même pour tous les termes. On arrive ainsi le premier au nombre 89 et quoi que fasse alors votre adversaire, vous êtes certain de gagner.

On peut prendre un nombre et une progression quelconques, mais en modifiant la règle du jeu en conséquence. Supposons, par exemple, que le nombre à atteindre soit 60 et qu'on doive ajouter successivement moins de [8. On remarquera que le premier multiple de 8 inférieur à 60 est 56 et que $60 - 56 = 4$. On verra alors comme ci-dessus qu'on doit tâcher de saisir un des termes de la progression

$$\div 4 + 8. \quad 4 + 16. \quad 4 + 24. \quad 4 + 32. \quad 4 + 40. \quad 4 + 48.$$

66. On peut enfin modifier encore ce jeu de la façon suivante. Vous dites à votre partenaire : *Voici 17 allumettes; nous allons en retirer chacun et successivement un nombre au plus égal à 3. Celui qui retirera la dernière allumette aura gagné.*

Il faut s'arranger de façon à retirer une des 5ᵉ, 9ᵉ ou 13ᵉ allumettes; on sera ensuite certain de gagner.

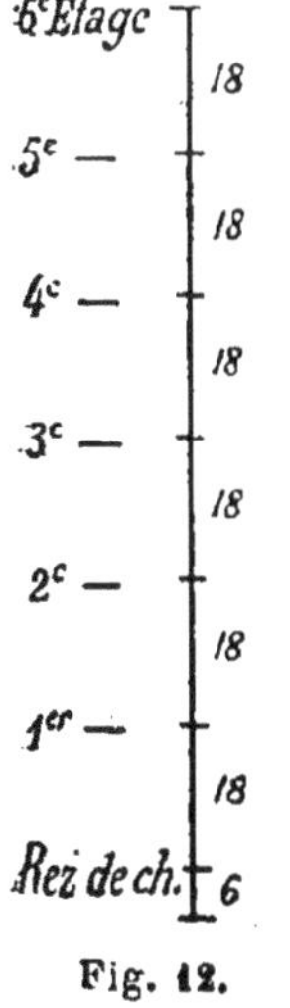

Fig. 12.

PROBLÈME

67. *Un négociant a un client au rez-de-chaussée et à chaque étage d'une maison de 6 étages. Chaque escalier compris entre deux étages consécutifs comprend 18 marches; enfin un perron, placé devant la porte d'entrée pour accéder au rez-de-chaussée, a lui-même 6 marches (fig. 12).*

Or il se trouve un certain jour que le négociant a un même objet à livrer à chacun de ses clients habitant cette maison. Sachant qu'on ne peut porter qu'un seul de ces objets à la fois, combien le livreur devra-t-il, pour les transporter tous à destination, *monter et descendre de marches en totalité, en supposant que les objets aient été déchargés au bas du perron ?*

Pour porter le premier objet au rez-de-chaussée, le livreur monte 6 marches; pour porter le 2ᵉ objet au 1ᵉʳ étage, $6 + 18$ marches; pour porter le 3ᵉ objet au 2ᵉ étage $6 + 2 \times 18$ marches; ...; enfin pour porter le 7ᵉ objet au 6ᵉ étage, $6 + 6 \times 18 = 114$ marches.

Le livreur monte donc un nombre de marches égal à la somme des termes d'une progression arithmétique de 7 termes dont le premier terme est 6, le dernier 114 et la raison 18, c'est-à-dire (64) à

$$\left(\frac{6 + 114}{2} \right) \times 7 = 420 \text{ marches.}$$

Il descendra d'ailleurs un nombre de marches précisément égal. Il aura donc en tout monté et descendu $420 \times 2 = 840$ marches. Nous avons compté dans ce nombre de marches celles descendues par le livreur en dernier lieu, sa livraison du 6ᵉ étage faite.

Mais comme il arrive souvent dans ce genre de récréations, l'énoncé du problème prête à équivoque. Lorsque le livreur aura *transporté tous les objets à destination,* il se trouvera sur le palier du 6ᵉ étage et n'aura en réalité à ce moment monté et descendu que $840 - 114 = 726$ marches.

Pour rendre la question encore plus embarrassante, on pourrait supposer dans l'énoncé le livreur et le premier objet placés au début sur le palier du rez-de-chaussée et les autres objets au bas du perron. Pour résoudre alors le problème, on ferait cette supposition que le livreur et les 7 objets sont placés au bas du perron et on arriverait au résultat précédent, duquel il suffirait de retrancher 6 pour avoir le nombre cherché.

68. On trouve dans les anciens auteurs un problème analogue dont la solution contient une curieuse remarque : *On a un panier et 100 cailloux en ligne droite distants d'une toise les uns des autres, le panier étant à une toise du premier caillou. Deux personnes tiennent ensemble le pari suivant : l'une ramassera les cailloux l'un après l'autre et les portera dans le panier ; l'autre, pendant ce temps, ira du Parvis Notre-Dame à Sèvres et reviendra au point de départ. Celle qui aura le plus vite terminé aura gagné.*

En supposant que les deux personnes marchent également vite, laquelle gagnera le pari, sachant que la distance de Notre-Dame à Sèvres est d'environ 5 050 toises.

En raisonnant comme dans le problème précédent, on voit que la distance parcourue par la première personne pour ramasser ses cailloux est le double de la somme des termes d'une progression arithmétique dont le premier terme est 1, le dernier 100 et qui contient 100 termes. Cette distance est par suite

$$\frac{2(1 + 100)}{2} \times 100 = 10\,100 \text{ toises.}$$

La deuxième personne, pour effectuer son voyage, aller et retour, parcourra

$$5\,050 \times 2 = 10\,100 \text{ toises.}$$

Ainsi les deux personnes ont parcouru le même chemin ; mais on doit tenir compte du temps que la première perd à se baisser pour ramasser les cailloux et à se relever, et comme on suppose que les deux personnes marchent également vite, c'est en définitive la seconde qui devra gagner le pari.

Somme des termes d'une progression géométrique.

69. Occupons-nous d'abord des progressions commençant par l'unité.

Soit, en premier lieu, la progression géométrique

$$\div 1 : 2 : 4 : 8 : 16 : \ldots$$

de raison 2 et considérons le tableau ci-contre (*fig.* 13) où la 1re colonne contient un pion blanc, les 2e, 3e, 4e, 5e, 6e, ... colonnes verticales contenant respectivement 1, 2, 4, 8, 16, ... pions noirs.

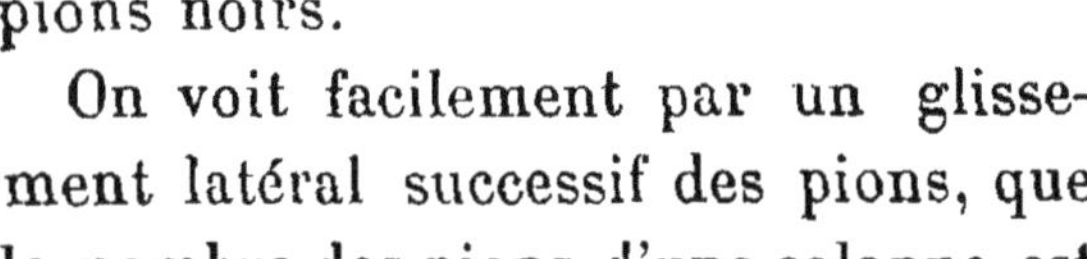

Fig. 13.

On voit facilement par un glissement latéral successif des pions, que le nombre des pions d'une colonne est égal à la somme de tous les pions des colonnes précédentes.

On a donc, par exemple,

$$1 + 1 + 2 + 2^2 + 2^3 + 2^4 = 2^5,$$

ou (3)
$$1 + 2 + 2^2 + 2^3 + 2^4 = 2^5 - 1.$$

Par suite : *La somme des termes de la progression géométrique*

$$\div 1 : 2 : 4 : 8 : 16 : \ldots$$

est égale à la différence entre une puissance de 2 marquée par le rang du dernier terme et l'unité.

70. En considérant la figure 14 correspondant à la progression géométrique

$$\div 1 : 3 : 9 : 27 : \ldots$$

de raison 3, on voit de même que chaque colonne est égale à **2** fois la somme des colonnes précédentes, plus l'unité. On en déduit que : *La somme des termes de la progression géométrique*

$$\div 1 : 3 : 9 : 27 : \ldots$$

est égale à la demi-différence entre une puissance de 3 marquée par le rang du dernier terme, et l'unité.

Fig. 14.

71. On montrerait de la même manière que *la somme des termes d'une progression géométrique de raison quelconque commençant par l'unité est égale à la différence entre une puissance de la raison marquée par le rang du dernier terme et l'unité, cette différence étant divisée par la raison diminuée de l'unité.*

72. Si la progression commençait par un nombre autre que 1, 5 par exemple, chaque terme étant multiplié par 5, on devrait multiplier par 5 le résultat obtenu par la règle précédente.

PROBLÈME

73. *Trouver une série de poids avec laquelle on puisse peser en nombres entiers depuis* **1** *jusqu'à la somme des poids de la série de la manière la plus simple, c'est-à-dire de façon que cette somme soit la plus grande possible par rapport au nombre de poids.*

Il peut y avoir deux solutions à cette question, suivant qu'on emploiera la seule addition (on ne peut mettre les poids que dans un seul plateau de la balance) ou l'addition combinée avec la soustraction (on peut mettre des poids dans les deux plateaux).

1er Cas : Addition. — Cherchons d'abord les 2 premiers poids de la série. Le 1er est forcément 1, car dans le cas contraire, en supposant que le second fût 5 par exemple, on ne pourrait pas faire la pesée $5 + 1$ qui se trouverait avant la somme des 2 poids choisis.

Il en résulte que le 2e poids est 2, pour qu'on puisse faire la pesée $1 + 2 = 3$; le 3e sera $4 = 2^2$; avec ces 3 premiers poids, on pourra peser jusqu'à $1 + 2 + 2^2 = 2^3 - 1$ (69). En continuant ainsi, on voit que la série cherchée est celle formée par la progression géométrique

$$\div 1 : 2 : 2^2 : 2^3 : 2^4 : \ldots$$

et qu'avec les 7 poids $1, 2, 2^2, \ldots 2^6$ par exemple, on pourra peser jusqu'à $2^7 - 1 = 127$.

Dans le système métrique, il faut 8 poids pour peser jusqu'à 100. Avec une série de poids suivant l'ordre naturel des nombres, il en faudrait 15 pour peser jusqu'à 120.

2e Cas : Addition et Soustraction. — On verra, comme pour le 1er cas, que le 1er poids est 1.

Si l'on prend 2 pour 2e poids, on pourra faire, il est vrai, la pesée $1 + 2 = 3$; mais si l'on prend 3, on pourra faire les pesées $3 - 1 = 2$ et $3 + 1 = 4$, soit une pesée en plus. On ne pourrait pas d'ailleurs prendre comme 2e poids un nombre plus grand que 3, 6 par exemple, car il serait alors impossible de peser 2, 3 et 4. 3 est donc le 2e poids le plus avantageux.

Si l'on prenait pour 3e poids un nombre plus petit que 9 ou 3^2, 7 par exemple, on pourrait faire les 7 pesées :

$$7 + 1 - 3 = 5, \quad 7 - 1 = 6, \quad 7, \quad 7 + 1 = 8,$$

$$7 + 3 - 1 = 9, \quad 7 + 3 = 10, \quad 7 + 3 + 1 = 11,$$

mais avec 9 on pèserait 5, 6, 7, 8, 9, 10, 11, 12 et 13, soit 2 pesées de plus. On ne pourrait pas d'ailleurs prendre pour 3e poids un nombre plus grand que 9, 11 par exemple, car il serait alors impossible de peser 5 et 6. 9 est donc le 3e poids de la série.

On verra de même que le 4e poids est 27 et enfin que la série cherchée est celle formée par la progression géométrique

$$\div 1 : 3 : 3^2 : 3^3 : 3^4 : \ldots$$

Avec 5 poids de cette série, on pourra donc (**70**) peser jusqu'à $\dfrac{3^5 - 1}{2} = 121.$

74. On propose quelquefois cette question sous la forme suivante : *Un marchand a un poids de 40 unités avec lequel il veut peser depuis 1 jusqu'à 40. On lui propose dans ce but de couper son poids en 4 parties inégales. Quel devra être le nombre d'unités contenues dans chaque partie du poids ?*

On a vu plus haut qu'avec les 4 poids **1, 3, 3², 3³**, ou **1, 3, 9, 27**, on pouvait peser depuis 1 jusqu'à $\dfrac{3^4 - 1}{2} = 40.$

CHAPITRE IV

LES NOMBRES POLYGONAUX

75. Considérons les progressions arithmétiques suivantes, de raisons respectives 1, 2, 3 4, ...

$$\div 1.\ 2.\ 3.\quad 4.\quad 5.\quad 6.\ \ldots$$
$$\div 1.\ 3.\ 5.\quad 7.\quad 9.\ 11.\ \ldots$$
$$\div 1.\ 4.\ 7.\ 10.\ 13.\ 16.\ \ldots$$
$$\div 1.\ 5.\ 9.\ 13.\ 17.\ 21.\ \ldots$$

et faisons dans chacune d'elles les sommes successives
des 1, 2, 3, 4, 5, ... premiers termes. Les nombres
ainsi obtenus sont dits *polygonaux* : ceux de la 1ʳᵉ série
sont les nombres *triangulaires* ; ceux de la 2ᵉ, les nombres *carrés* ; ceux de la 3ᵉ, les nombres *pentagonaux* ;
ceux de la 4ᵉ, les nombres *hexagonaux*, etc... Nous
verrons plus loin la raison de ces dénominations.

76. On peut obtenir rapidement les nombres polygonaux à l'aide des tableaux ci-après :

	1	1	1	1	1	…	
	1	2	3	4	5	6	…
Nombres triangulaires	1	3	6	10	15	21	…
		2	2	2	2	2	…
	1	3	5	7	9	11	…
Nombres carrés	1	4	9	16	25	36	…
		3	3	3	3	3	..
	1	4	7	10	13	16	
Nombres pentagonaux	1	5	12	22	35	51	…
		4	4	4	4	4	..
	1	5	9	13	17	21	…
Nombres hexagonaux	1	6	15	28	45	66	…

Dans chacun de ces tableaux, *un terme d'une des
deux lignes inférieures est obtenu en ajoutant au terme
précédent de la même ligne le terme de la ligne supérieure qui se trouve au-dessus du terme qu'on veut
écrire.*

Cette règle n'est que la mise en œuvre d'une façon
simple de la définition donnée plus haut.

Les Triangulaires.

77. Considérons le triangle ABC (*fig.* 15), dont

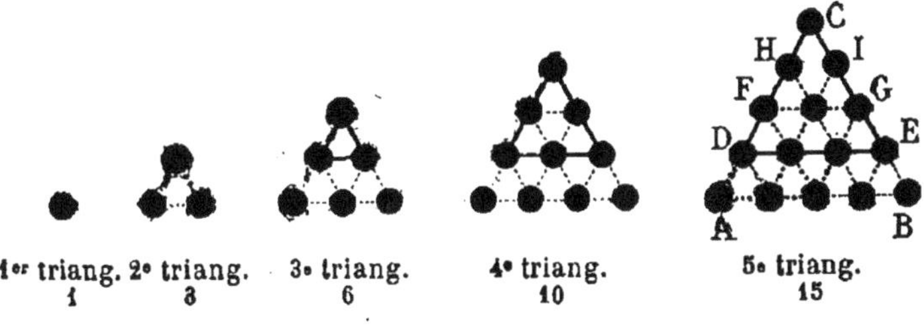

Fig. 15.

les 3 côtés sont égaux. Sur les 4 lignes AB, DE, FG,

HI qui sont également éloignées les unes des autres, les pions indiqués sont également distants. On voit qu'il y en a 5 sur AB, 4 sur DE, 3 sur FG, 2 sur HI et 1 en C. La somme de tous ces pions est celle des termes de la progression arithmétique

$$\div 1.\ 2.\ 3.\ 4.\ 5.$$

de raison 1. Le nombre des pions représentés sur la figure est donc bien le 5e nombre triangulaire d'après la définition donnée. 5 est dit le *côté* du triangulaire.

Les triangles successifs de la figure 13 prouvent d'ailleurs que : *Un triangulaire quelconque est égal à la somme de son côté et du triangulaire précédent.*

78. D'après la règle donnée pour le calcul de la somme des termes d'une progression arithmétique (**64**), on voit encore que : *Un triangulaire est égal au demi-produit de son côté par le nombre entier suivant.*

79. On peut encore justifier la dénomination adoptée pour les triangulaires en réunissant des boules égales comme l'indique la figure 16. On pourra d'ailleurs faire une remarque analogue pour les carrés.

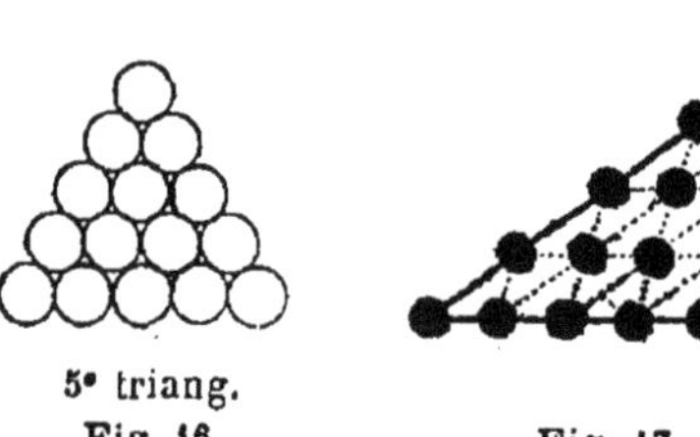

5e triang.
Fig. 16.   Fig. 17.

80. Il n'est pas nécessaire que les côtés du triangle soient égaux (*fig.* 17) ; mais afin d'obtenir une figure régulière, on supposera que les pions sont également distants sur les côtés et leurs parallèles.

Les Carrés.

81. Les figures ci-dessous (*fig.* 18) justifient la dénomination adoptée pour les carrés, car on voit que l'accroissement de pions, pour passer d'un carré à un

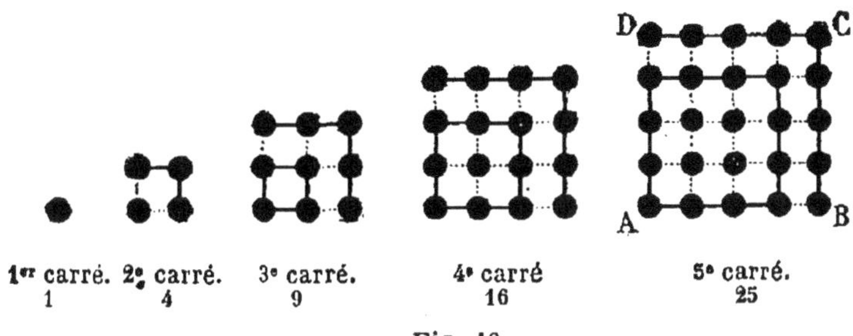

1ᵉʳ carré. 2ᵉ carré.   3ᵉ carré.   4ᵉ carré   5ᵉ carré.
1   4   9   16   25

Fig. 18.

autre, est représenté par la suite des nombres impairs.

Il en résulte que les carrés ainsi définis ne sont autre chose que les deuxièmes puissances des nombres successifs.

82. Enfin en remarquant que les 2ᵉ, 3ᵉ, 4ᵉ, 5ᵉ, ... carrés sont respectivement égaux à la somme des 2, 3, 4, 5, ... premiers nombres impairs, on voit que : *La somme des premiers impairs à partir de 1 est égale au carré de leur nombre.*

83. REMARQUES. I. — *Un nombre carré peut être représenté par une figure ayant la forme d'un losange.*

Il suffit, en effet, de supposer que dans le 5ᵉ carré, par exemple, les différents pions sont réunis par des tiges articulées à leurs extrémités. En exerçant une traction sur deux sommets

A et C (*fig. 18*), on obtient le losange ABCD
(*fig. 19*).

84. II. — *L'octuple d'un triangulaire plus l'unité
est un carré.*

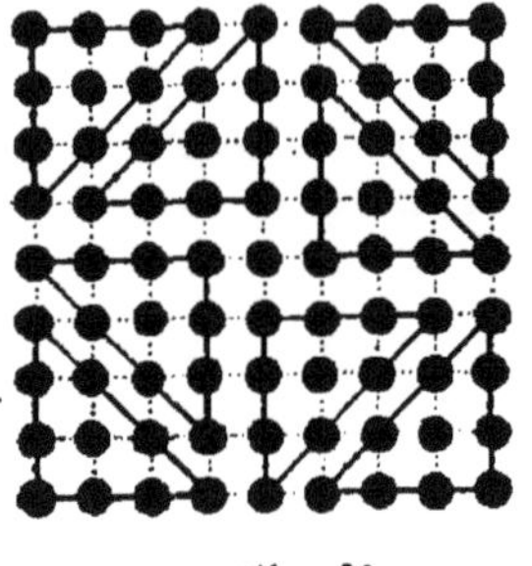

Fig. 20.

La figure **20** le prouve. On
voit, en effet, que le 9e carré, par
exemple, est égal à 8 fois le
4e triangulaire, plus 1.

On en déduit la manière de
reconnaître si un nombre est
triangulaire. Ainsi **21** est triangulaire, car

$$21 \times 8 + 1 = 169 = 13^2.$$

85. III. — *Tout carré est égal à son côté augmenté de
deux fois le triangulaire de rang précédent.*

La figure **21** le montre immédiatement; le 5e carré
est égal à 2 fois le 4e triangulaire plus 5.

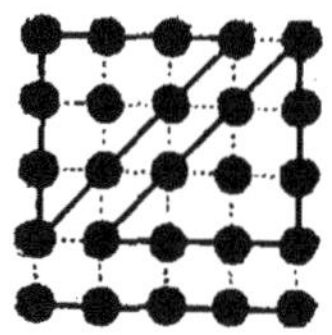

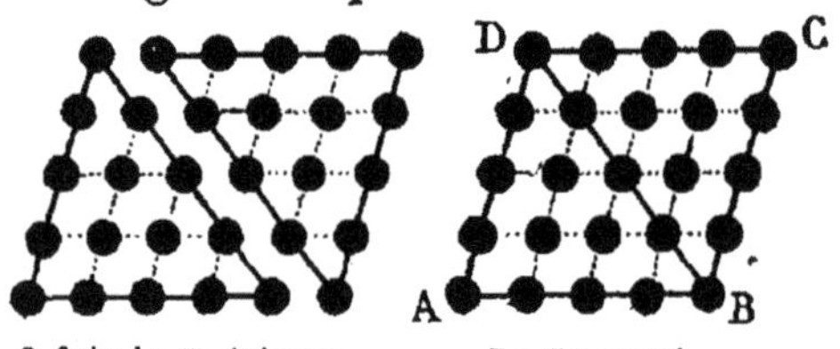

2 fois le 5e triang.   Le 5e carré.

Fig. 21.   Fig. 22.

86. IV. — *Tout triangulaire est égal à la demi-somme
de son côté et du carré de ce côté.*

Considérons, par exemple, le 5e triangulaire représenté par le triangle ABD (*fig.* 22) et formons le losange
ABCD qui donne le 5e carré (**83**). On voit sur la figure 22
que le double du 5e triangulaire est égal au 5e carré
plus 5.

Les Pentagonaux.

87. La figure ABCDE (*fig.* 23) représente un pentagone régulier (5 côtés égaux et les 5 angles en A, B, C,
D, E égaux); elle contient 5 pions, nombre qui repré-

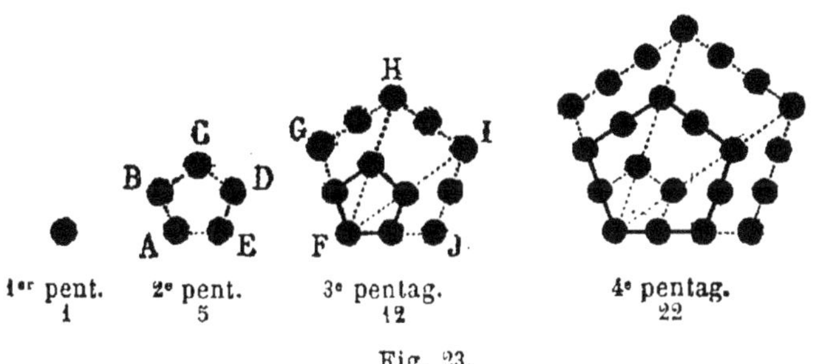

Fig. 23.

sente le 2ᵉ pentagonal. On voit sur la figure **23** la loi de
formation des pentagonaux suivants. Il y a concordance
avec la définition donnée aux nᵒˢ **75** et **76**, car l'accroissement des pions pour passer d'un pentagonal au suivant augmente bien de 3 unités. Ainsi, entre le 1ᵉʳ et
le 2ᵉ pentagonal, l'accroissement est de 4 pions; or, on
peut former le 3ᵒ pentagonal en disposant d'abord un
pion en chacun des 4 sommets G, H, I, J du pentagone
FGHIJ, soit en tout 4 pions, — c'est-à-dire l'accroissement précédent, — et en plaçant en outre un pion au
milieu de chacun des 3 côtés GH, HI, IJ, soit encore
3 pions.

On remarquera enfin que sur les diagonales et sur
les côtés des pentagones successifs, les pions sont
placés à égale distance.

88. *Tout pentagonal est égal à son côté augmenté de
3 fois le triangulaire de rang précédent.*

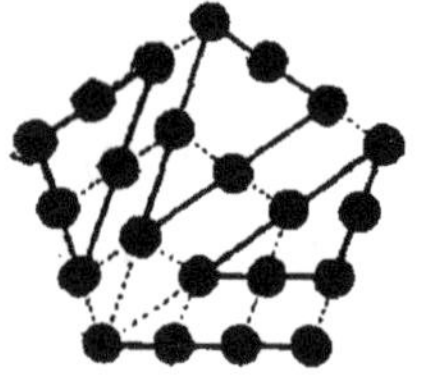

Fig. 24.

Proposition analogue à celle démontrée plus haut pour le carré (**85**). Ainsi, on voit sur la figure 24 que le 4ᵉ pentagonal est égal à 4, plus 3 fois le 3ᵉ triangulaire.

Les Hexagonaux.

89. La figure 25 représente une suite d'hexagones réguliers (6 côtés et 6 angles égaux) contenant respectivement 1, 6, 15, 28 pions, nombres qui forment les pre-

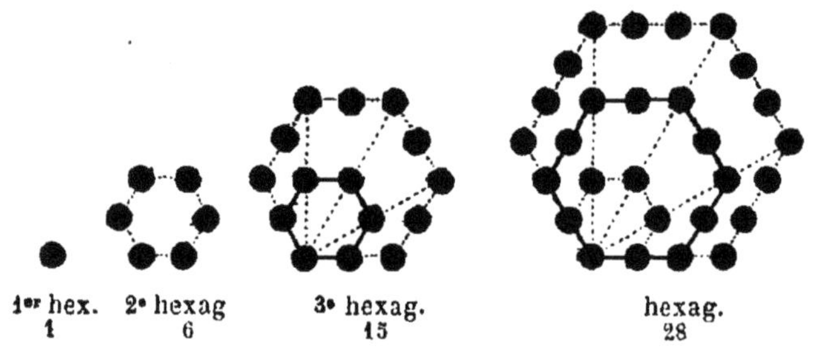

Fig. 25.

miers termes de la série des hexagonaux. On légitime cette représentation des hexagonaux comme pour les pentagonaux.

90. *Tout hexagonal est égal à son côté augmenté de 4 fois le triangulaire de rang précédent.*

Se démontre comme pour les pentagonaux (**88**).

Il existe d'ailleurs une propriété analogue pour tous les nombres polygonaux.

91. *Tout hexagonal est égal à un triangulaire de côté impair.*

La figure 26 montre d'abord qu'on peut décomposer le 4ᵉ hexagonal en 3 fois le 3ᵉ triangulaire et 1 fois le

4ᵉ triangulaire. En disposant ces triangulaires dans un autre ordre, comme l'indique la figure 27, on voit que le 4ᵉ hexagonal est égal au 7ᵉ triangulaire.

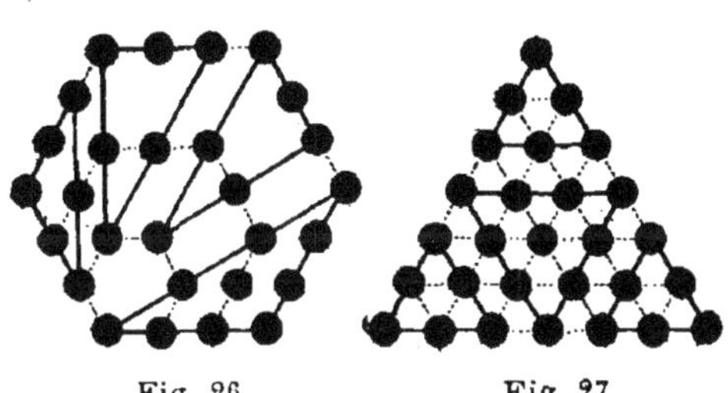

Fig. 26.   Fig. 27.

Cette proposition montre qu'on peut se dispenser de calculer les **hexagonaux** quand on connaît les triangulaires.

Applications.

92. *Peut-il exister des triangulaires qui soient en même temps carrés ?*

En comparant la suite des nombres triangulaires et celle des carrés, on voit que cela est possible : 1, 6^2, 35^2, 204^2, 1189^2 … sont des triangulaires

On peut, d'ailleurs, montrer géométriquement qu'il peut exister de pareils nombres. Considérons par exemple, le 8ᵉ triangulaire représenté par la figure ABC (*fig.* 28). Formons le losange ADEFGH qui renferme 36 pions, dont 6 blancs à l'extérieur du triangle ABC. Mais si l'on remarque que, d'un autre côté, ce triangle a 6 pions noirs à l'extérieur du losange, on voit qu'il y a compensation et il en résulte que le triangle et le losange renferment le même nombre de pions ; par suite le 8ᵉ triangulaire est égal au 6ᵉ carré.

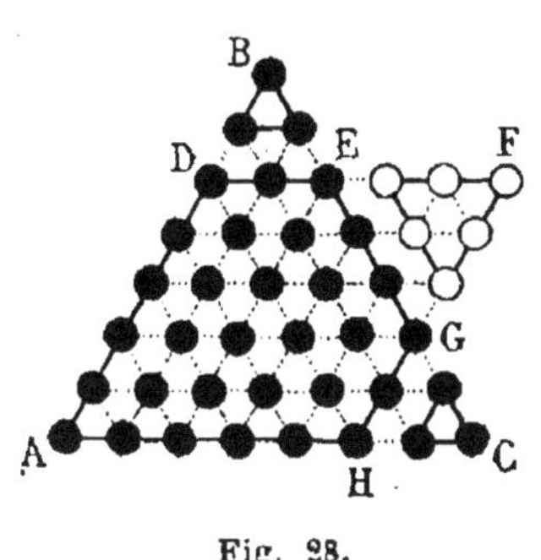

Fig. 28.

93. On peut de même trouver des pentagonaux qui soient en même temps carrés. Ainsi $1, 10^2, 99^2, 980^2 \ldots$ sont des pentagonaux. On pourrait le justifier, comme pour les triangulaires, par une construction géométrique.

94. *Trouver la somme des* 2, 3, 4, 5, 6, ... *premiers triangulaires.*

Soit, pour fixer les idées, à trouver la somme des 5 premiers triangulaires. Les doubles de ces 5 triangulaires sont respectivement (78)

$$1 \times 2, \quad 2 \times 3, \quad 3 \times 4, \quad 4 \times 5, \quad 5 \times 6.$$

La somme de ces 5 nombres, c'est-à-dire le double de la somme cherchée, est par suite celle des nombres écrits en caractères gras dans le tableau de la figure 29. Complétons ce tableau comme il est indiqué de façon que toutes les colonnes renferment identiquement les mêmes nombres.

1	**1**	1	1	1	1
2	**2**	**2**	2	2	2
3	**3**	**3**	**3**	3	3
4	**4**	**4**	**4**	**4**	4
5	**5**	**5**	**5**	**5**	**5**

Fig. 29.

Remarquons maintenant qu'en faisant dans chaque colonne le total des nombres ainsi ajoutés, on obtient précisément la somme des 5 premiers triangulaires; la somme totale des nombres du tableau est donc égale au triple de la somme cherchée. Or ce tableau contient $(5+2)$ colonnes dont chacune a pour somme $\frac{5(5+1)}{2}$.

La somme des 5 premiers triangulaires est donc

$$\frac{5(5+1)(5+2)}{6}.$$

Ainsi : *La somme d'un certain nombre des premiers triangulaires est égale au sixième du produit du côté du dernier triangulaire par les deux entiers suivants.*

CHAPITRE V

LES CARRÉS

---

95. *Le carré de la somme de deux nombres est égal à la somme des carrés de ces deux nombres, plus le double de leur produit.*

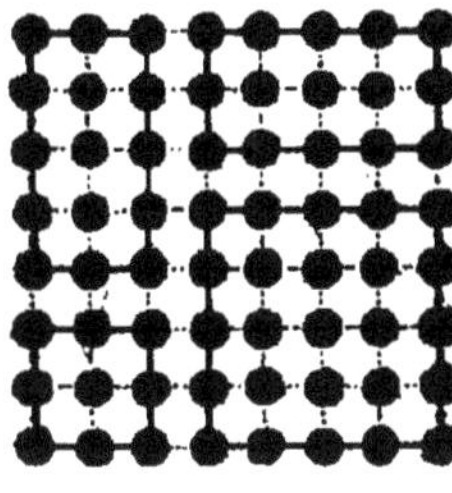

Fig. 30

Soient les nombres 5 et 3. Formons le carré de $5 + 3 = 8$ (*fig*. 30) et décomposons-le ainsi qu'il est indiqué : on a d'abord deux carrés, l'un de côté 5, l'autre de côté 3, et les pions restants peuvent être répartis sur deux rectangles égaux de côtés 5 et 3

On a donc

$$(5 + 3)^2 = 5^2 + 3^2 + 2 \times 5 \times 3.$$

96. *Le carré de la différence de deux nombres est égal à la somme des carrés de ces nombres, moins le double de leur produit.*

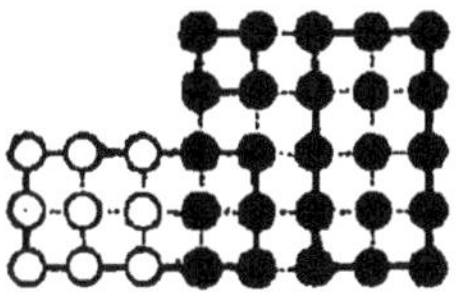

Fig. 31.

Soient les nombres 5 et 3. Formons le carré de 5 avec des pions noirs et juxtaposons à ce carré le carré de 3 formé avec des pions blancs En effectuant la décomposition indiquée sur la figure 31, on voit qu'on a

$$(5-3)^2 = 2^2 = 5^2 + 3^2 - 2 \times 5 \times 3.$$

97. *La différence des carrés de deux nombres consé-cutifs est égale au double du plus petit, plus l'unité.*

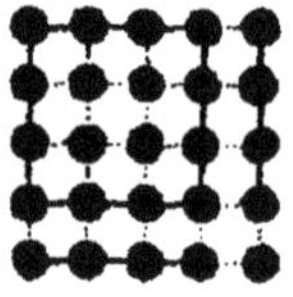
Fig. 32.

En examinant le carré de 5 de la figure 32, on voit que la différence entre les carrés de 5 et de 4 est effectivement égale à 2 fois 4, plus 1.

98. *La différence des carrés de deux nombres est égale au produit de la somme de ces deux nombres par leur différence.*

Soient les nombres 5 et 2. En retranchant du carré de 5 (*fig.* 33) le carré de 2, il reste : 1° un rectangle de côtés (5 — 2) et 5; 2° un rectangle de côtés 2 et (5 — 2). Si l'on reporte le second rectangle en le faisant pivoter à côté du premier (nous avons indiqué la nouvelle position de ce second rectangle à l'aide de pions

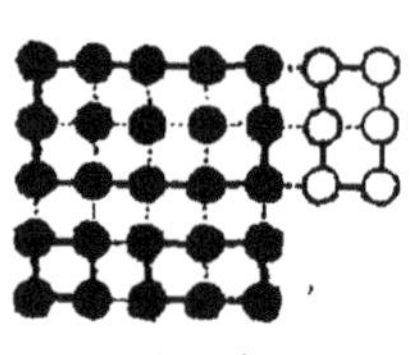
Fig. 33.

blancs), on obtient un rectangle total de côtés (5 + 2) et (5 — 2). On a donc

$$5^2 - 2^2 = (5+2)(5-2).$$

Remarques générales.

99. I. — *Le carré d'un nombre composé de dizaines et d'unités est égal au carré des dizaines, plus deux fois le produit des dizaines par les unités, plus le carré des unités.*

On a, par exemple (95),

$$37^2 = (30+7)^2 = 30^2 + 2\times 30\times 7 + 7^2.$$

100. II. — *Le carré d'un entier composé de dizaines et d'unités est terminé par le même chiffre que le carré de ses unités.*

Résulte de la Remarque I.

101. III. — *Un carré est terminé par l'un des chiffres 0, 1, 4, 5, 6 ou 9.*

Résulte de la Remarque II.

102. IV. — *Si le chiffre des unités d'un carré est 0, 1, 4, 5 ou 9, le chiffre des dizaines est pair. Si ce même chiffre est 6, le chiffre des dizaines est impair.*

Nous prouverons seulement la deuxième partie de cette remarque; la première partie se justifierait d'une manière identique.

Soit le nombre 46 ; on a

$$46^2 = (40+6)^2 = 40^2 + 2\times 40\times 6 + 6^2$$
$$= 40^2 + 2(4\times 6)\times 10 + 36.$$

Le chiffre des dizaines du résultat qu'on obtient en ajoutant le nombre pair $2\times(4\times 6)$ au nombre impair 3, est bien un nombre impair.

103. V. — *Un nombre terminé par 5 a son carré terminé par 25.*

Soit par exemple le nombre $45 = 40+5.$

$$45^2 = 40^2 + 2\times 5\times 40 + 25 = 4^2\times 100 + 4\times 100 + 25.$$

Le double produit des dizaines par les unités étant ici terminé par deux zéros comme le carré des dizaines, le carré d'un nombre terminé par 5 se termine bien par 25.

104. VI. — *Les facteurs premiers d'un carré ont tous un exposant pair.*

Car pour élever un nombre quelconque au carré, il suffit de doubler les exposants des facteurs premiers qui le composent (**11**).

Problèmes.

105. *Etant donné un carré impair, trouver un second carré qui, ajouté au premier, donne pour somme un carré.*

Soit par exemple le carré $25 = 5^2$. Ce nombre est le 13e dans la suite des nombres impairs; il a donc dans cette suite 12 termes avant lui et nous savons (**82**) que la somme de ces 12 termes est 12^2. La somme des 13 premiers termes étant de même 13^2, on a par suite

$$5^2 + 12^2 = 13^2.$$

106. *Trouver deux carrés dont la somme soit elle-même un carré.*

Cette question est la généralisation de la précédente. Pour la résoudre, nous nous appuierons sur la remarque suivante qu'on vérifiera aisément à l'aide des propositions des n^{os} **95** et **96**. *Soient deux nombres quelconques. Elevons-les au carré. Le carré de la somme de ces deux carrés est égal au carré de la différence de ces deux mêmes carrés, plus le carré du double produit des nombres considérés.*

On a, par exemple, pour 2 et 3,

$$(2^2 + 3^2)^2 = (3^2 - 2^2)^2 + (2 \times 2 \times 3)^2 \quad \text{ou} \quad 13^2 = 5^2 + 12^2.$$

On peut trouver autant qu'on voudra d'égalités analogues, en remplaçant dans la relation précédente 2 et 3 par des nombres quelconques. Ainsi

$$
\begin{aligned}
\text{pour } 1 \text{ et } 2, \qquad & 3^2 + 4^2 = 5^2; \\
- \quad 1 \text{ et } 3, \qquad & 6^2 + 8^2 = 10^2; \\
- \quad 2 \text{ et } 3, \qquad & 5^2 + 12^2 = 13^2; \\
- \quad 1 \text{ et } 4, \qquad & 8^2 + 15^2 = 17^2; \\
- \quad 2 \text{ et } 4, \qquad & 12^2 + 16^2 = 20^2; \\
- \quad 1 \text{ et } 5, \qquad & 10^2 + 24^2 = 26^2;
\end{aligned}
$$

. . . .

On déduit de ces mêmes égalités les solutions du problème suivant :

Trouver deux carrés dont la différence soit elle-même un carré.

Ainsi, de $\qquad 3^2 + 4^2 = 5^2,$

on tire (3) $\qquad 5^2 - 4^2 = 3^2.$

107. *Les soldats d'un détachement sont placés de manière à former un carré. Sur l'un des côtés du carré, on sépare une troupe composée d'un certain nombre de files de soldats. La différence entre les deux portions ainsi séparées étant de 7 hommes, trouver l'effectif du détachement.*

D'après l'énoncé, 7 est égal au produit du nombre des soldats d'une file par la différence des nombres de files des deux portions. Or, ce produit 7 étant un nombre premier, ses seuls diviseurs sont 1 et 7 ; la différence entre ces nombres de files ne peut être que 1 (ce ne peut être 7 files d'un homme) et l'une des portions a 1 file de plus que l'autre.

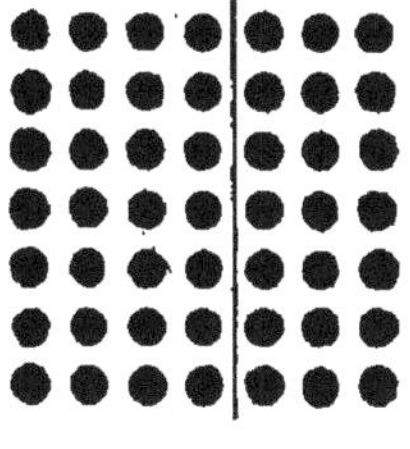

Fig. 34.

Chaque file comprend donc 7 hommes. L'effectif du détachement est par suite de $7^2 = 49$ hommes.

108. *Trouver les nombres dont le carré soit formé de 4 chiffres pairs.*

Ce carré est nécessairement compris dans un des intervalles 2000 à 2888, 4000 à 4888, 6000 à 6888, 8000 à 8888, et les nombres cherchés, qui sont pairs, dans un des intervalles

$$44 \text{ à } 54, \qquad 63 \text{ à } 70, \qquad 77 \text{ à } 83, \qquad 89 \text{ à } 95.$$

Lorsqu'on élève chacun de ces nombres au carré, le 1er chiffre à droite des deux produits partiels est pair ; pour que le carré soit terminé par deux chiffres pairs, il est par suite nécessaire que le deuxième chiffre du premier produit partiel soit aussi pair. Or la parité de ce chiffre dépend du chiffre des dizaines du carré des unités simples des nombres cherchés. Ce chiffre des dizaines étant seulement pair pour les carrés des nombres pairs terminés par 0, 2 ou 8, on devra trouver les nombres cherchés parmi les suivants :

$$48, \quad 50, \quad 52, \quad 68, \quad 78, \quad 80, \quad 82, \quad 90, \quad 92.$$

On vérifie que les 4 nombres

$$68^2 = 4624, \quad 78^2 = 6084, \quad 80^2 = 6400, \quad 92^2 = 8464$$

sont solutions du problème ; ce sont d'ailleurs les seules.

109. *Prouver que la somme des carrés de trois nombres impairs consécutifs est égale à 3 fois le carré du nombre moyen, plus 8.*

Soient, en effet, les 3 nombres impairs consécutifs

3, 5, 7. On doit prouver que

$$3^2 + 5^2 + 7^2 = 3 \times 5^2 + 8.$$

Considérons la figure 35. Au carré de 7, enlevons 2 rangées de 5 pions et 2 rangées de 3 pions et plaçons-les autour du carré de 3 où nous les indiquerons par des pions blancs. Nous aurons ainsi formé 3 carrés de 5, plus

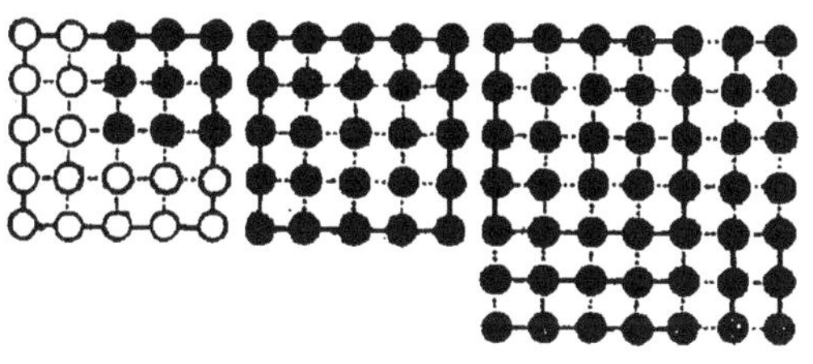
Fig. 35.

les 8 pions qui restent du carré de 7 Et ce nombre 8 sera toujours le même quels que soient les nombres choisis ; on se l'expliquera facilement par l'examen de la figure.

110. *Trouver trois nombres impairs consécutifs tels que la somme de leurs carrés donne un nombre composé de 4 chiffres semblables.*

D'après la proposition du numéro précédent, le triple du carré du nombre impair moyen doit être égal à un nombre composé de 4 chiffres semblables diminué de 8, c'est-à-dire à l'un des nombres 1 103, 2 214, 3 325, 4 436, 5 547, 6 658, 7 769, 8 880, 9 991. Le carré cherché est le tiers d'un de ces nombres. Les seuls de ces nombres qui soient divisibles par 3 sont

$$2\,214, \quad 5\,547, \quad 8\,880$$

dont le tiers est

$$738, \quad 1\,849, \quad 2\,960.$$

Parmi ces nombres, 1 849 est le seul qui ait la terminaison d'un carré. D'ailleurs, 1 849 = 43².

Les nombres impairs cherchés sont donc **41**, **43** et **45**, et on a

$$41^2 + 43^2 + 45^2 = 5555.$$

111. *Prouver que tous les nombres de la suite*

$$16, \ 1156, \ 111556, \ \ldots$$

obtenus en intercalant le nombre 15 au milieu du nombre précédant celui auquel on s'arrête sont des **carrés parfaits**.

Considérons, par exemple, le 3e terme de la suite : 111556. On a

$$111556 = 111(10^3 + 5) + 1.$$

Or $111 = \dfrac{10^3 - 1}{9}$. Donc

$$111556 = \frac{(10^3-1)(10^3+5)}{9} + 1 = \frac{10^3(10^3+5) - (10^3+5)}{9} + 1$$

$$= \frac{10^6 + 4\times 10^3 - 5}{9} + 1 = \frac{10^6 + 4\times 10^3 + 4}{9} = \left(\frac{10^3 + 2}{3}\right)^2,$$

ou, puisque $10^3 = 999 + 1$,

$$\frac{10^3 + 2}{3} = \frac{999 + 3}{3} = 333 + 1 = 334.$$

Donc $111556 = 334^2.$

Les nombres 16, 1156, 111556, ... sont donc les carrés des nombres

$$4, \quad 34, \quad 334, \quad \ldots$$

obtenus en écrivant le nombre 3 à la gauche du nombre précédant celui auquel on s'arrête.

On prouverait d'une façon analogue que les termes de la suite

$$49, \quad 4489, \quad 444889, \quad \ldots$$

sont les carrés des nombres

$$7, \quad 67, \quad 667, \quad \ldots$$

112. *Trouver un carré parfait de 4 chiffres, sachant que le nombre formé par les deux premiers chiffres et le nombre formé par les deux derniers sont des carrés parfaits.*

Le carré cherché ayant 4 chiffres, sa racine en aura 2. Le premier chiffre de cette racine est évidemment la racine du carré de gauche et ce chiffre est au moins égal à 4, puisque le carré de gauche est supérieur à 10.

D'un autre côté, le nombre de dizaines de la différence entre le carré total et le carré de gauche, qui se réduit ici au 3e chiffre du carré total, contient le double produit du chiffre des dizaines par le chiffre des unités de la racine. Il faut donc que ce chiffre des dizaines soit au plus 4 (car $2 \times 5 = 10$). La seule valeur possible du chiffre des dizaines de la racine est par suite 4. Il en résulte que le 3e chiffre du carré cherché est $2 \times 4 = 8$. Le carré de droite est donc 81, seul carré de 2 chiffres commençant par 8, et le carré cherché, $1681 = 41^2$.

Remarque. — On ne pourrait pas appliquer le raisonnement précédent si l'on supposait que le 3e chiffre du carré cherché pût être zéro. Dans ce cas, les carrés $1600 = 40^2$, $2500 = 50^2$, $\ldots$, $8100 = 90^2$ sont aussi des solutions.

113. *Trouver un carré dont les deux derniers chiffres à droite soient la racine carrée.*

Le dernier chiffre du carré cherché doit être le même que le dernier chiffre de sa racine. Ce carré, comme sa racine, doit donc être terminé par 1, 5, 6 (il ne peut être terminé par 0).

1° Supposons d'abord la racine terminée **par 5** ; **le** carré est toujours terminé par 25. Il en résulte que le carré de 25 ou 625 répond à la question.

2° Supposons maintenant la racine terminée par 6. Nous allons chercher quel chiffre placé à gauche de 6 forme un nombre qui, multiplié par lui-même, donne un produit dont le deuxième chiffre à droite soit identique au chiffre ajouté. Or le carré d'un nombre terminé par 6 se compose : 1° du carré de 6, 36 ; 2° de 2 fois le produit de 6 par les dizaines ou de 12 fois les dizaines ; 3° du carré des dizaines. Il nous suffit donc, pour déterminer le chiffre des dizaines, de trouver quel est le chiffre qui, multiplié par 2 (2 venant de 12) et ajouté à 3 (3, retenue de 36) donne un résultat terminé par ce chiffre lui-même. On trouve que 7 seul satisfait à cette condition. Ainsi $76^2 = 5776$ répond à la question.

3° Supposons enfin la racine terminée par 1. Son carré se compose : 1° de 1 ; 2° du double du nombre des dizaines ; 3° du carré des dizaines. Comme il n'est pas possible de trouver un chiffre qui, multiplié par 2, donne un résultat terminé par ce chiffre lui-même, il n'y a aucun carré terminé par 1 qui satisfasse au problème.

114. *Trouver un carré de 4 chiffres qui, retourné, soit aussi un carré parfait.*

Nous démontrerons d'abord les deux propositions suivantes :

1° *Une somme de deux carrés n'est jamais divisible par 11, à moins que chacun des carrés ne soit un multiple de 11.*

En effet, un nombre quelconque non divisible par 11 est un multiple de 11 plus 1, 2, ... ou 10. Son carré est, par suite (**95**), un multiple de 11 plus 1, 3, 4, 5 ou 9. Or deux quelconques de ces derniers nombres ajoutés ne peuvent donner 11 comme somme ; la somme de deux carrés non divisibles par 11 n'est donc jamais un multiple de 11. D'ailleurs, si cette somme est divisible par 11 et si l'un des carrés est multiple de 11, l'autre l'est également (**14**).

Donc pour qu'une somme de deux carrés soit divisible par 11, il est nécessaire que chacun de ces carrés soit multiple de 11 ou plutôt de 11^2, puisqu'un carré ne contient que des facteurs premiers d'exposant pair (**104**).

2° *La somme d'un entier d'un nombre pair de chiffres et de son inverse est un multiple de* 11.

Soient, par exemple, le nombre

$$7892 = 7000 + 800 + 90 + 2$$

et son inverse

$$2987 = 2000 + 900 + 80 + 7.$$

Leur somme est $7 \times 1001 + 2 \times 1001 + 8 \times 110 + 9 \times 110$; puisque $1001 = 91 \times 11$, $110 = 11 \times 10$, on peut écrire cette expression

$$11(7 \times 91 + 2 \times 91 + 8 \times 10 + 9 \times 10) ;$$

on voit qu'elle est divisible par 11.

Cela étant, si nous supposons faite la somme du carré cherché et de son inverse, elle sera divisible par 11 (2°) et d'après 1°, le carré et son inverse devant être des multiples de 11^2, leur racine sera multiple de 11.

D'autre part, tout carré ne pouvant se terminer que par un des chiffres 0, 1, 4, 5, 6 ou 9 (**101**), pour que son inverse soit aussi carré parfait, il faut que **le premier chiffre du carré cherché** soit l'un des suivants :

$$1, \quad 4, \quad 5, \quad 6, \quad 9,$$

le zéro étant exclu, puisque le carré doit avoir 4 chiffres et que son premier chiffre doit, par suite, être significatif.

Le premier chiffre du carré ne peut être 5, car son inverse étant alors terminé par 25 (**103**), le carré commencerait par 52 ; il serait donc compris entre 5200 et 5300, sa racine entre 72 et 73, et elle ne serait pas, par suite, un nombre entier.

Le premier chiffre est donc 1, 4, 6 ou 9 et le carré est compris entre 1000 et 2000, 4000 et 5000, 6000 et 7000, ou entre 9000 et 10000, sa racine entre

31 et 45,   63 et 71,   77 et 84, ou entre 94 et 100.

Comme cette racine est de plus un multiple de 11, elle est comprise dans la suite   33, 44, 66, 99.

On vérifie que $33^2 = 1089$ et $99^2 = 9801$ satisfont seuls au problème.

Par un raisonnement analogue, on verrait que parmi les carrés de 6 chiffres $108900 = 330^2$, $698896 = 836^2$ sont les seuls dont les inverses soient aussi carrés.

115. *Trouver un carré parfait de 4 chiffres dont les deux premiers chiffres soient égaux ainsi que les deux derniers.*

Remarquons d'abord qu'un nombre de 4 chiffres, dont les **2** premiers sont identiques ainsi que les 2 derniers, est divisible par **11**. En effet, soit, par exemple, 6655. On a

$$6655 = 6600 + 55 = (6 \times 100 + 5)11.$$

Comme, de plus, le nombre cherché est un carré, il est divisible par 11^2. Sa racine est multiple de 11 ; elle est d'ailleurs comprise entre 31 et 100, puisque le carré cherché a 4 chiffres. La racine est donc un des nombres de la suite

$$33, 44, 55, 66, 77, 88, 99.$$

Ce ne peut être 55 dont le carré est terminé par 25, ni 33, 44, 66, 77, 99 d'après le n° 102, puisque les 2 derniers chiffres de leur carré doivent être identiques. La racine cherchée ne peut être que 88. On a en effet

$$88^2 = 7744.$$

116. *Trouver la loi de formation des nombres dont les carrés sont terminés par deux chiffres égaux.*

Nous n'avons à examiner que les nombres inférieurs à 50, puisqu'en élevant au carré la somme d'un multiple de 50 et d'un nombre quelconque, les deux premiers termes du résultat sont terminés par deux zéros (99) et n'influent pas par suite sur les deux derniers chiffres du carré du nombre considéré. De ces nombres inférieurs à 50, il faut rejeter ceux qui sont impairs ou terminés par 4 ou 6, puisque les deux derniers chiffres du carré de 1, 3, 4, 5, 6, 7, 9, étant l'un pair et l'autre impair (102), ne peuvent être égaux. Restent donc les nombres terminés par 0, 2 ou 8.

1° *Nombres terminés par* 0. — Leurs carrés étant terminés par 2 zéros, ces nombres répondent tous à la question.

2° *Nombres terminés par* 2. — Leurs carrés sont terminés par 4. Il faut donc que le double produit de 2 par le chiffre des dizaines soit terminé par un 4 ; ce chiffre des dizaines ne peut être que 1 ou 6, et comme nous avons supposé les nombres inférieurs à 50, ce chiffre est 1. Donc 12 est le seul nombre terminé par 2 et inférieur à 50 qui soit solution du problème.

3° *Nombres terminés par* 8. — Leurs carrés sont terminés par 4. Le double produit de 8 par le chiffre des dizaines, plus 6 (6 dizaines provenant du carré des unités) doit être terminé par 4 ; ce chiffre des dizaines, devant de plus être inférieur à 5, est forcément 3. Donc 38 est le seul nombre inférieur à 50 et terminé par 8, qui réponde à la question.

En résumé, tous les nombres cherchés sont : 1° tous les multiples de 10 ; 2° les multiples de 50 plus 12 ; 3° les multiples de 50 plus 38 ou les multiples de 50 moins 12.

Le problème que nous venons de résoudre donne immédiatement la solution du précédent.

Somme des 2, 3, 4, 5, ... premiers carrés.

117. Soit, pour fixer les idées, à trouver la somme des carrés des 5 premiers nombres entiers. Un de ces carrés, celui de 3, par exemple, peut être représenté comme il est indiqué figure 36. En supposant de même les autres carrés décomposés en leurs unités et en les superposant, on obtient le carré de la figure 37. La somme des éléments de la première colonne de ce carré est celle des 5 premiers nombres, c'est-à-dire (64) :

```
                     5  4  3  2  1
                     4  4  3  2  1
    1  1  1          3  3  3  2  1
    1  1  1          2  2  2  2  1
    1  1  1          1  1  1  1  1
    Fig. 36.           Fig. 37.
```

$$\frac{5(5+1)}{2}.$$

Si toutes les colonnes du carré étaient identiques à la première, la somme des éléments serait $\dfrac{5^2(5+1)}{2}.$

Pour que cette supposition fût exacte, on devrait ajouter aux éléments du carré les nombres correspondants du tableau de la figure 38. Or les sommes des colonnes de ce dernier tableau donnent respectivement les $(5-1)$ premiers triangulaires, dont la somme est (94) $\dfrac{(5-1)5(5+1)}{6}.$

```
.  1  2  3  4
.  .  1  2  3
.  .  .  1  2
.  .  .  .  1
.  .  .  .  .
```

Fig. 38.

La somme des 5 premiers carrés est donc

$$\frac{5^2(5+1)}{2} - \frac{(5-1)5(5+1)}{6} = \frac{5(5+1)}{2}\left[5 - \frac{5-1}{3} \right]$$

$$= \frac{5(5+1)(2\times 5+1)}{6}.$$

Donc : *La somme des 2, 3, 4, 5, ... premiers carrés est égale au sixième du produit du côté du dernier carré par l'entier suivant et par le double de ce côté plus l'unité.*

CHAPITRE VI

LES CUBES

---

118. Nous démontrerons d'abord la proposition fonda-
mentale ci-après :

*Le cube de la somme de deux nombres est égal à la
somme : 1° du cube du premier ; 2° du triple produit du
carré du premier par le second ; 3° du triple produit du
premier par le carré du second ; 4° du cube du second.*

Soient, par exemple, les nombres 2 et 3. Formons un
cube avec $(2 + 3)^3 = 5^3$ petits dés cubiques (*fig.* 39).
Décomposons ce cube comme il est indiqué aux figures
40 et 41. La figure 40 représente les volumes que nous
avons formés à gauche d'un plan parallèle à une face
latérale du cube et mené à une distance de cette face
égale à deux épaisseurs de dé ; la figure 41 représente
les volumes déterminés à droite de ce plan. On voit
donc que le cube total peut être formé par la super-
position : 1° du cube n° 6 contenant un nombre de dés

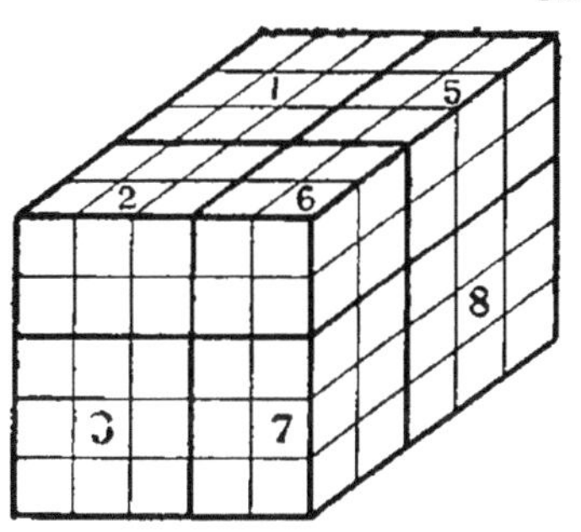

Fig. 39

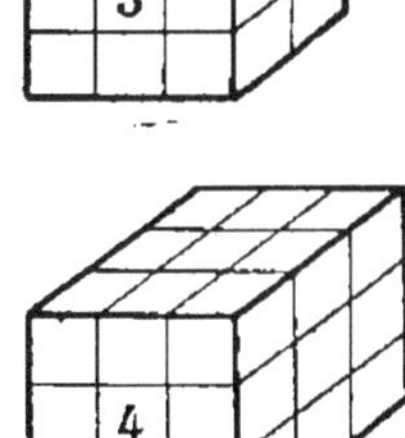

Fig. 40.   Fig. 41.

égal à $2 \times 2 \times 2 = 2^3$;

2° des 3 volumes n°s 2, 5, 7 contenant chacun

$2 \times 2 \times 3 = 2^2 \times 3$ dés ;

3° des 3 volumes n°s 1, 3, 8, contenant chacun

$2 \times 3 \times 3 = 2 \times 3^2$ dés ;

4° du cube n° 4 contenant

$3 \times 3 \times 3 = 3^3$ dés.

On a donc bien

$$(2 + 3)^3 = 2^3 + 3(2^2 \times 3) + 3(2 \times 3^2) + 3^3.$$

On trouverait par le même procédé la décomposition du cube de la différence de deux nombres.

Remarques générales.

119. I. — *Le cube d'un nombre composé de dizaines et d'unités est égal à la somme : 1° du cube des dizaines; 2° du triple produit du carré des dizaines par les unités ; 3° du triple produit des dizaines par le carré des unités ; 4° du cube des unités.*

Car on a, par exemple (**118**),

$$57^3 = (50 + 7)^3 = 50^3 + 3 \times 50^2 \times 7 + 3 \times 50 \times 7^2 + 7^3.$$

120. II. — *Le cube d'un entier composé de dizaines et d'unités est terminé par le même chiffre que le cube de ses unités.*

Résulte de la Remarque **I**.

121. III. — *Les cubes des nombres terminés par* 1, 4, 5, 6, 9, *sont terminés par ces mêmes chiffres ; les cubes des nombres terminés par* 2, 3, 7, 8 *sont terminés par* 8, 7, 3, 2. *Dans ce dernier cas, un nombre et son cube sont terminés par deux chiffres dont la somme est* 10.

122. IV. — *Tout entier terminé par un nombre de zéros non multiple de* 3 *n'est pas un cube parfait.*

Car si un nombre est multiple de 10^2, par exemple, c'est-à-dire terminé par **2** zéros, son cube sera (**11**) un multiple de $10^{2 \times 3}$ et sera par suite terminé par

$$2 \times 3 = 6 \text{ zéros.}$$

123. V. — *Tout cube entier est soit un multiple de* 9, *soit un multiple de* 9 *augmenté ou diminué de l'unité.*

En effet, tout nombre est un mult. 9 ou un mult. 9 plus un des restes suivants : **1, 2, 3, 4, 5, 6, 7, 8**. Le cube d'un nombre quelconque sera donc multiple de **9** plus le cube du reste de la division du nombre considéré par 9. Ainsi $326 = $ mult. 9 plus 2, étant élevé au cube, devient évidemment un mult. 9 plus $2^3 = 8$.

Or, si l'on considère les cubes de la suite des 8 premiers nombres, savoir :

$$1, 8, 27, 64, 125, 216, 343, 512,$$

on constate que tous sont ou mult. 9 ou mult. 9

plus 1 ou mult. 9 plus 8, c'est-à-dire, puisque $8 = 9 - 1$, soit mult. 9, soit mult. 9 plus ou moins 1.

Problèmes.

124. *Trouver les nombres égaux au cube de la somme de leurs chiffres.*

Un quelconque des nombres cherchés est un cube ; il est donc soit de la forme mult. 9, soit de la forme mult. 9 plus ou moins 1 (123). D'un autre côté, il est égal à un mult. 9 plus la somme de ses chiffres (15, 2°). Par suite, cette somme, c'est-à-dire la racine du nombre cherché, est soit de la forme mult. 9, soit de la forme mult. 9 plus ou moins 1.

Les nombres demandés ne peuvent avoir qu'un ou 2 chiffres, car le cube d'un nombre de 3 chiffres ayant au plus 9 chiffres, la somme des chiffres de ce cube ne peut dépasser $9 \times 9 = 81$, nombre de 2 chiffres. Donc la somme des chiffres du cube d'un quelconque des nombres cherchés est inférieure à $6 \times 9 = 54$, le cube d'un nombre de 2 chiffres ayant au plus 6 chiffres.

Il faut en exclure 53 dont le cube est terminé par 7, la somme des chiffres ne pouvant alors excéder

$$5 \times 9 + 7 = 52 \ ;$$

de même 44, 45 et 46, dont le cube composé de 5 chiffres se termine par 4, 5 ou 6 et est tel que la somme de ses chiffres ne peut dépasser $4 \times 9 + 6 = 42$.

Nous trouverons donc les racines des nombres cherchés parmi les nombres de 1 à 43 qui sont, soit mult. 9, soit mult. 9 plus ou moins 1, c'est-à-dire parmi les entiers suivants :

1 ; 8, 9, 10 ; 17, 18, 19 ; 26, 27, 28 , 35, 36, 37.

On vérifie que les nombres ci-après satisfont **seuls à** la question :

$$1, \quad 8^3 = 512, \quad 17^3 = 4\,913, \quad 18^3 = 5\,832,$$
$$26^3 = 17\,576, \quad 27^3 = 19\,683.$$

125. *On a les groupes*

$$1$$
$$3.\ \ 5$$
$$7.\ \ 9.\ 11$$
$$13.\ 15.\ 17.\ 19$$

$$.\ \ .\ \ .\ \ .\ \ .$$

formés par la suite des nombres impairs.

Prouver que la somme des nombres contenus dans chacun d'eux est égale au cube du nombre qui représente le rang du groupe considéré.

Nous supposerons, pour fixer les idées, qu'on ait ainsi 13 groupes, ce nombre 13 étant absolument arbitraire.

Le nombre des termes contenus dans ces 13 groupes est (64)

$$1 + 2 + 3 + \cdots + 13 = \frac{13(13+1)}{2}.$$

Et comme ces termes sont les nombres impairs **consécutifs**, leur somme totale a pour valeur (82)

$$\frac{13^2(13+1)^2}{2^2}.$$

De même, si l'on additionne les termes des 12 premiers groupes, on obtient

$$\frac{(13-1)^2 13^2}{2^2}.$$

La somme des termes du 13ᵉ groupe est la différence

$$\frac{13^2(13+1)^2 - 13^2(13-1)^2}{2^2} = \frac{13^2[(13+1)^2 - (13-1)^2]}{4}$$

$$= \frac{13^2(4 \times 13)}{4} = 13^3.$$

Ainsi la somme des termes d'un groupe de rang quelconque est égale au cube du nombre qui représente ce rang.

126. *Trouver la somme des cubes des* **2, 3, 4, 5,** *... premiers nombres.*

Les groupes considérés dans le n° précédent contiennent successivement 1, 2, 3, ..., 13 termes et ont pour sommes respectives 1^3, 2^3, 3^3, ..., 13^3. Il en résulte que la somme des $\frac{13(13+1)}{2}$ premiers nombres impairs est égale à la somme des cubes des 13 premiers nombres entiers. Mais d'un autre côté on sait (**82**) que la somme des $\frac{13(13+1)}{2}$ premiers nombres impairs est égale au carré de leur nombre ou, ce qui revient au même, au carré de la somme des 13 premiers nombres (**64**). Donc :

La somme des cubes des **2, 3, 4, 5,** *... premiers nombres est égale au carré de la somme des* **2, 3, 4, 5,** *... premiers nombres.*

127. *On a les groupes*

$$1$$
$$2. \quad 6$$
$$3. \quad 9. \ 15$$
$$4. \ 12. \ 20. \ 28$$
$$5. \ 15. \ 25. \ 35. \ 45$$
$$.\quad.\quad.\quad.\quad.\quad.$$

Les premiers termes de chaque groupe sont donnés par la suite naturelle des nombres et chacun des groupes forme une progression arithmétique dont la raison est le double du nombre représentant le rang du groupe et qui contient autant de termes qu'il y a d'unités dans ce rang.

Prouver que la somme des termes de chacun des groupes est égale au cube du nombre représentant son rang.

En effet, considérons, par exemple, le 5ᵉ groupe. On peut écrire ses différents termes de la façon suivante :

$$
\begin{aligned}
&5 \\
&5 + 1\,(2\times 5) \\
&5 + 2\,(2\times 5) \\
&5 + 3\,(2\times 5) \\
&5 + 4\,(2\times 5)
\end{aligned}
$$

ou, en faisant la somme, $\quad 5\times 5+(1+2+3+4)(2\times 5)$.

Cette dernière expression peut s'écrire

$$
5^2 + \frac{(5-1)5}{2} \times (2\times 5) = 5^2 + (5-1)5^2 = 5\times 5^2 = 5^3.
$$

128. *On a les groupes*

$$
\begin{aligned}
&1 \\
&3.\ \ 5 \\
&6.\ \ 9.\ 12 \\
&10.\ 14.\ 18.\ 22 \\
&15.\ 20.\ 25.\ 30.\ 35
\end{aligned}
$$

. . . . .

Les premiers termes de chaque groupe sont donnés par la suite des premiers triangulaires. Chacun des groupes forme une progression arithmétique dont la raison est le nombre représentant le rang du groupe et qui contient autant de termes qu'il y a d'unités dans ce nombre.

Prouver que la somme des termes de chaque groupe est égale au cube du nombre représentant son rang.

En effet, considérons par exemple le 5ᵉ groupe. On peut écrire ses différents termes de la façon suivante (78) :

$$\frac{5(5+1)}{2}$$

$$\frac{5(5+1)}{2} + 1 \times 5$$

$$\frac{5(5+1)}{2} + 2 \times 5$$

$$\frac{5(5+1)}{2} + 3 \times 5$$

$$\frac{5(5+1)}{2} + 4 \times 5$$

ou, en faisant la somme, $5 \times \dfrac{5(5+1)}{2} + (1+2+3+4)5.$

Cette dernière expression peut s'écrire

$$\frac{5^2(5+1)}{2} + \frac{(5-1)5}{2} \times 5 = \frac{5^2(5+1) + 5^2(5-1)}{2}$$

$$= 5^2 \times 5 = 5^3.$$

CHAPITRE VII

LES DIVISEURS

Problèmes.

129. *Trouver les diviseurs d'un nombre*

Soit le nombre $360 = 2^3 \times 3^2 \times 5$.

Tout diviseur de 360, y compris 1 et 360, peut être considéré comme le produit de 3 facteurs qui sont : le 1er, l'un des nombres 1, 2, 2^2, 2^3 ; le 2e, l'un des nombres 1, 3, 3^2 ; le 3e, l'un des nombres 1, 5. Par conséquent, on aura tous les diviseurs de 360 en formant le tableau suivant :

$$1, \quad 2, \quad 2^2, \quad 2^3$$
$$1, \quad 3, \quad 3^2$$
$$1, \quad 5$$

et exprimant tous les produits qu'on obtient en multipliant chaque nombre de la 1re ligne par chaque nombre de la 2e, puis les différents résultats obtenus par chaque nombre de la 3e.

En multipliant d'abord les nombres de la 1re ligne par ceux de la 2e, on forme ce second tableau :

$$
\begin{array}{cccc}
1, & 2, & 4, & 8 \\
3, & 6, & 12, & 24 \\
9, & 18, & 36, & 72
\end{array}
$$

Puis en multipliant les nombres qu'il contient par ceux de la 3ᵉ ligne du 1ᵉʳ tableau, on a ce 3ᵉ tableau, qui renferme tous les diviseurs de 360 :

$$
\begin{array}{cccc}
1, & 2, & 4, & 8 \\
3, & 6, & 12, & 24 \\
9, & 18, & 36, & 72 \\
5, & 10, & 20, & 40 \\
15, & 30, & 60, & 120 \\
45, & 90, & 180, & 360
\end{array}
$$

130. Remarque. — *Si l'on classe les diviseurs d'un nombre par ordre de grandeur, le produit de deux diviseurs à égale distance des extrêmes est égal au nombre donné.*

Ainsi $\qquad 4 \times 90 = 360.$

Ceci est facile à expliquer, car à un diviseur correspond toujours un second diviseur égal au quotient du nombre donné par le premier diviseur.

131. *Trouver le nombre des diviseurs d'un nombre.*

Reportons-nous au problème précédent. Les exposants des facteurs premiers de 360 étant 3, 2, 1, la 1ʳᵉ ligne du 1ᵉʳ tableau renferme $(3 + 1)$ nombres, la 2ᵉ, $(2 + 1)$ et la 3ᵉ, $(1 + 1)$. En multipliant les nombres de la 1ʳᵉ ligne par ceux de la seconde, on a $(3 + 1)(2 + 1)$ produits ; en multipliant ces résultats par les nombres de la 3ᵉ ligne, on aura $(3 + 1)(2 + 1)(1 + 1)$ diviseurs.

Le nombre des diviseurs d'un nombre est donc égal au

produit des exposants de ses facteurs premiers, augmentés chacun d'une unité.

132. *Trouver un nombre ayant autant de diviseurs qu'on voudra, 36 par exemple.*

Décomposons 36 en des facteurs quelconques, 6, 3 et 2 par exemple. D'après la règle du n° précédent, si l'on ôte une unité à chacun des facteurs de 36, on obtiendra les nombres 5, 2, 1 qui sont les exposants des facteurs premiers du nombre cherché. Ainsi, le plus simple des nombres répondant à la question, dans l'hypothèse faite, est $2^5 \times 3^2 \times 5 = 1440$.

Il existe une infinité de ces nombres, puisqu'on peut prendre 3 nombres premiers quelconques au lieu de 2, 3, 5 et qu'on peut décomposer 36 de bien d'autres manières en un produit de facteurs.

133. *De combien de manières un nombre non premier est-il le produit de deux facteurs ?*

Soit le nombre 360. Nous avons remarqué **(130)** qu'on pouvait classer les diviseurs de 360 de façon que le produit de deux d'entre eux fût 360. Le nombre cherché est, par suite, la moitié du nombre des diviseurs de 360, c'est-à-dire

$$\frac{1}{2}(3+1)(2+1)(1+1) = 12.$$

Ces différentes manières sont d'ailleurs

$$1 \times 360, \quad 2 \times 180, \quad 3 \times 120, \quad 4 \times 90, \quad 5 \times 72,$$
$$6 \times 60, \quad 8 \times 45, \quad 9 \times 40,$$
$$10 \times 36, \quad 12 \times 30, \quad 15 \times 24, \quad 18 \times 20.$$

134. *Trouver deux nombres dont le produit soit un nombre composé d'un seul chiffre plusieurs fois répété.*

Ce problème est la généralisation des questions des n⁰ˢ **21**, **28** et **37**. Supposons, pour fixer les idées, qu'on veuille obtenir un produit composé de **6** chiffres identiques, de chiffres **7** par exemple.

On remarque d'abord que le produit **777777** est égal à **111111**×**7**.

Or, le nombre $111111 = 3 \times 7 \times 11 \times 13 \times 37$ admet les 32 diviseurs suivants rangés **par ordre de grandeur croissante**

1	3	7	11
13	21	33	37
39	77	91	111
143	231	259	273
407	429	481	777
1001	1221	1443	2849
3003	3367	5291	8547
10101	15873	37037	111111

On sait (**130**) que le produit de deux diviseurs à égale distance des extrêmes est **111111**. Ainsi

$$3 \times 37037 = 111111.$$

Il en résulte que si on multiplie 37037 successivement par 3, $3 \times 2 = 6$, $3 \times 3 = 9$, ..., $3 \times 9 = 27$, on obtiendra un produit composé exclusivement de chiffres 1, 2, 3, ..., ou 9, suivant le cas.

De même, si l'on multiplie 15873 par 7, $7 \times 2 = 14$, $7 \times 3 = 21$, ... (**24**); 10101 par 13, $13 \times 2 = 26$, $13 \times 3 = 39$, ...; 8547 par 13, ..., etc.

135. On verrait de la même manière que, parmi les

diviseurs de 111111111, figurent 9 et 12345679 **et on** retrouverait ainsi le problème du n° 37.

136. *Combien le facteur 7 est-il contenu de fois dans la suite des 10000 premiers nombres ou quel est l'exposant de 7 dans le produit des 10000 premiers nombres ?*

(LEGENDRE.)

Le quotient entier de 10000 par 7, soit 1428, donne evidemment le nombre des multiples de 7 contenus dans la suite des 10000 premiers nombres. Mais on n'obtient pas ainsi tous les facteurs 7 contenus dans le produit considéré, car on omet un facteur 7 dans les nombres qui renferment 7^2, 2 facteurs 7 dans ceux qui contiennent 7^3, etc.

Supposons qu'on ait rangé les 1428 multiples de 7 sur une même ligne ; les multiples de 7^2 seront placés de 7 en 7 et leur nombre sera donné par le quotient entier de 1428 par 7, soit 204. Comme on omet encore ainsi 1 facteur 7 dans les nombres qui contiennent 7^3 en facteur, 2 facteurs 7 dans ceux qui contiennent 7^4, on divisera à nouveau 204 par 7, et ainsi de suite.

On aura en définitive

$$\text{Quotient entier de } \frac{10000}{7} = 1428$$

$$\text{id.} \quad \frac{1428}{7} = 204$$

$$\text{id.} \quad \frac{204}{7} = 29$$

$$\text{id.} \quad \frac{29}{7} = 4$$

$$\text{id.} \quad \frac{4}{7} = 0$$

$$\text{Total} \ldots \ldots \ 1665.$$

La suite des 10 000 premiers nombres contient donc 1665 facteurs 7. Autrement dit, le produit des 10 000 premiers nombres est divisible par 7^{1665}.

Enfin, on opérerait de la même manière pour tout nombre premier autre que 7.

137. *Par combien de zéros se termine le produit des 10 000 premiers nombres ?*

Le nombre de zéros du produit est donné par le degré de la puissance de $10 = 5 \times 2$ qu'il contient. Or le problème précédent nous permet de reconnaître que le produit des 10 000 premiers nombres est divisible par 2^{9995} et par 5^{2499} ; il est par suite divisible par

$$2^{9995} \times 5^{2499} = 2^{2499} \times 5^{2499} \times 2^{7496}$$
$$= (2 \times 5)^{2499} \times 2^{7496} = 10^{2499} \times 2^{7496}.$$

Ainsi le produit des 10 000 premiers nombres est terminé par 2499 zéros. On aurait pu remarquer *a priori* que ce nombre était le même que celui des facteurs 5 et se dispenser par suite de chercher le nombre des facteurs 2.

Nombres parfaits.

138. On appelle ainsi les nombres qui sont égaux à la somme de leurs diviseurs.

On ne connaît aucun nombre parfait impair.

Les nombres parfaits connus actuellement sont tous pairs et au nombre de 9 ;

$$2(2^2-1),\ 2^2(2^3-1),\ 2^4(2^5-1),\ 2^6(2^7-1),\ 2^{12}(2^{13}-1),$$
$$2^{16}(2^{17}-1),\ 2^{18}(2^{19}-1),\ 2^{30}(2^{31}-1),\ 2^{60}(2^{61}-1).$$

Ainsi, le nombre $2^2(2^3-1) = 28$ a pour diviseurs 1, 2, 4, 7 et 14, dont la somme est bien 28.

Cette forme générale des nombres parfaits pairs a été indiquée par Euclide.

Nombres amiables.

139. On appelle ainsi deux nombres tels que chacun d'eux soit égal à la somme des diviseurs de l'autre.

Ainsi 220 et 284 sont des nombres amiables.

Car la somme des diviseurs de 220

$$1 + 2 + 4 + 5 + 10 + 11 + 20 + 22 + 44 + 55 + 110$$

est 284 et celle des diviseurs de 284

$$1 + 2 + 4 + 71 + 142$$

est 220.

On ne connaît actuellement que deux autres groupes de nombres amiables, savoir :

17296 et 18415 ;   9363538 et 9437056.

Problèmes.

140. *Comment doit être terminé un nombre qui, multiplié par* 11111, *donne un produit terminé par* 1122334455.

```
........1122334455
————————————————————
.......8894899050
.....8894899050 0
....889489905000
..8894899050000
————————————————————
.......8889489905
```

En indiquant par une ligne de points la partie indéterminée ou inconnue d'un nombre, la question revient à trouver le quotient de ...1122334455 par 11111. On suppose évidemment le premier nombre divisible par le second.

On se trouve alors dans les conditions prescrites au n° 58. En suivant la règle indiquée à ce n°, on a le calcul ci-contre et le nombre cherché est terminé par 8 889 489 905.

On opérerait d'une manière analogue dans le cas où le diviseur serait 999...

141. *Etant donné un nombre terminé par 123456789, trouver un second nombre qui, multiplié par le premier, donne un produit terminé par 987654321.*

Le problème revient à trouver, de droite à gauche, le quotient de ...987654321 par ...123456789, les lignes de points indiquant la première partie des deux nombres qui peut être absolument quelconque. En procédant comme il a été dit (59), on voit que le nombre cherché est

$$...989010989.$$

...987654321	...123456789	
...111111101		9
...87654322		
...87654312		8
...0000001		
...1111101		9
...888890		
...00000		0
...88889		
...56789		1
..3210		
...0000		0
...321		
...101		9
...22		
...12		8
...1		9

Nous donnerons seulement ces deux exemples de

cette sorte de problèmes, mais on voit combien on pourra en tirer d'intéressantes questions dont la solution paraîtra, au premier abord, fort difficile à découvrir.

On remarquera, en ce qui concerne ce genre de questions, que le diviseur devra être terminé par un chiffre impair autre que 5 (59).

142. *Trouver un multiple de 49 qui soit composé exclusivement de chiffres 1.*

On a

$$(1) \quad \begin{cases} 1 & = \text{mult. } 7 + 1 \\ 10 & = \text{mult. } 7 + 3 \\ 10^2 & = \text{mult. } 7 + 2 \\ 10^3 & = \text{mult. } 7 + 6 \\ 10^4 & = \text{mult. } 7 + 4 \\ 10^5 & = \text{mult. } 7 + 5 \\ 10^6 & = \text{mult. } 7 + 1 \\ \cdots & \cdots \cdots \cdots \end{cases}$$

Pour les puissances suivantes, les mêmes restes se reproduisent dans le même ordre.

Il en résulte que

$$1 + 10 + 10^2 + 10^3 + 10^4 + 10^5 = 111111 = \text{mult. } 7 + 21.$$

Ainsi, puisque $21 = 3 \times 7$, le nombre 111111, composé de 6 chiffres **1**, est un mult. de **7**; d'ailleurs, $111111 = 3 \times 7 \times 11 \times 13 \times 37$.

Considérons maintenant un entier composé exclusivement d'un nombre de chiffres **1** qui soit mult. de 6,

$$\ldots 111111111111111111 = 111111(\ldots 10^{2 \times 6} + 10^6 + 1).$$

Le facteur 111111 est, d'après ce que nous avons vu, un mult. de 7. La question revient donc à trouver à quel exposant multiple de 6 on doit s'arrêter pour que le facteur entre parenthèses soit aussi multiple de 7. Or ce facteur peut s'écrire

$$\ldots 1 - 1 - 1 - 1 - 1 - 1 - 1,$$

un tiret représentant, pour abréger, 5 zéros ; d'après les égalités (1), c'est un multiple de 7 plus une somme composée d'autant de chiffres 1 que le facteur en remferme lui-même. Pour que ce nombre soit un multiple de 7, il suffit donc de nous arrêter au 7ᵉ chiffre 1. Ainsi le facteur cherché sera composé de 7 chiffres 1 et de $6 \times 5 = 30$ zéros, soit en tout de 37 chiffres. Les deux facteurs commençant par l'unité, leur produit contient autant de chiffres moins 1 qu'ils en contiennent eux-mêmes, c'est-à-dire $37 + 6 - 1 = 42$ chiffres.

Ainsi le plus petit nombre composé exclusivement de chiffres 1 et qui soit multiple de 49 est celui qui est formé de 42 chiffres 1.

Les nombres composés de 2×42, 3×42, ... chiffres 1 jouissent évidemment de la même propriété.

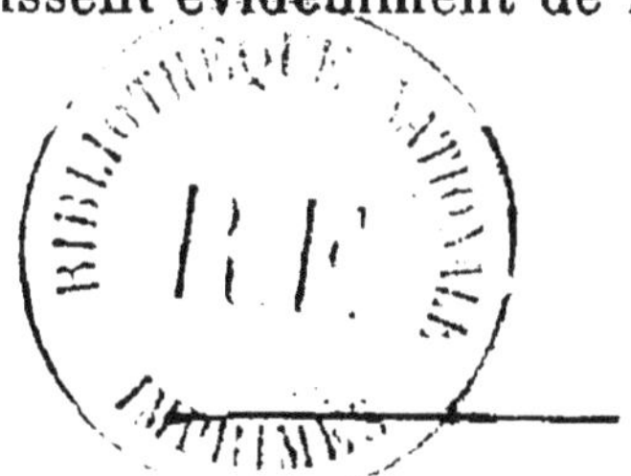

CHAPITRE VIII

PROBLÈMES DIVERS SUR LES NOMBRES

143. *Trouver un nombre égal à 7 fois le chiffre de ses unités.*

Ce nombre a évidemment 2 chiffres ; ses dizaines en sont les 6/7 et valent 6 fois les unités. Le chiffre des dizaines est donc les 6/10 ou les 3/5 du chiffre des unités. Par suite, le chiffre des unités ne peut être que 5 ou 0, celui des dizaines 3 ou 0, et le nombre cherché est 35.

144. *Trouver un nombre de deux chiffres égal au double produit de ses chiffres.*

Le nombre cherché, étant pair, est terminé par 2, 4, 6 ou 8 (il ne peut être terminé par 0). Or d'après l'hypothèse, ce nombre est divisible par le chiffre de ses dizaines. Il faut donc (14) que le chiffre de ses unités soit divisible par le chiffre des dizaines; le premier étant 2, 4, 6 ou 8, le second sera 1, 2, 3, 4, 6 ou 8. Le nombre cherché est donc parmi les suivants :

12, 14, 16, 18;   22, 24, 26, 28;   36;   44, 48;   66;   88.

D'un autre côté, on remarque que le nombre de 2 chiffres formé par les dizaines du nombre cherché doit être divisible par le chiffre des unités (14). Il reste donc seulement

$$12, 22, 24, 36, 44, 48, 66, 88.$$

Ce ne peut être 12, le double de 2 étant inférieur à 10, ni 22, 24, 66, 88 qui sont des multiples de **11**, nombre premier supérieur à 10. On vérifie que parmi les 3 nombres restants

$$24, 36, 48,$$

36 est le seul nombre répondant à la **question**.

145. *Au-dessous d'un nombre quelconque, on écrit le même nombre en plaçant le premier chiffre sous le 4° chiffre du premier. On fait la somme, qu'on divise successivement par 7, 11 et 13. Trouver immédiatement le résultat.*

Soit le nombre 34537. En opérant comme il est dit, on a

$$34537$$
$$34537$$
$$\overline{34571537}$$

Si l'on divise ce dernier nombre successivement par 7, 11 et 13, on retrouve précisément le nombre proposé.

On a, en effet,

$$34537 \times 1000 + 34537 = 34537 \times 1001$$
$$= 34537(7 \times 11 \times 13)$$

car $$1001 = 7 \times 11 \times 13.$$

Dans le cas d'un nombre de 3 chiffres, l'énoncé se simplifie : il suffit alors d'écrire une seconde fois le nombre à sa droite; la conclusion est d'ailleurs la même. Ainsi pour le nombre 345,

$$345345 = 345 \times 1001 = 345(7 \times 11 \times 13).$$

146. *Trouver les entiers qui peuvent être divisés en quatre parties entières telles qu'en ajoutant à la 1re et en retranchant de la 2e un nombre constant, en* *multipliant la 3ᵉ et en divisant la 4ᵉ par ce même nombre, on obtienne quatre résultats entiers identiques.*

Cette question est la généralisation des remarques des nᵒˢ **29** et **31**.

Nous désignerons, pour simplifier, par *1ʳᵉ constante* le nombre constant qui est ajouté, retranché, multiplicateur et diviseur, et par *2ᵉ constante* le résultat constant obtenu dans les quatre opérations. Ainsi, dans l'exemple donné au nᵒ **31**, **4** est la **1ʳᵉ** et **16** la **2ᵉ** constante. Enfin nous représenterons, pour abréger, constante par cᵗᵉ et partie par pⁱᵉ.

Cela posé, remarquons tout d'abord, en nous reportant à ce nᵒ pour suivre le raisonnement avec plus de facilité, que le produit [4×4] de la 3ᵉ pⁱᵉ par la 1ʳᵉ cᵗᵉ étant égal à la 2ᵉ cᵗᵉ [16], celle-ci est divisible par la 1ʳᵉ cᵗᵉ [4]. D'ailleurs, puisque la somme [12 + 4] de la 1ʳᵉ pⁱᵉ et de la 1ʳᵉ cᵗᵉ donne la 2ᵉ cᵗᵉ, il en résulte (14) que la 1ʳᵉ pⁱᵉ [12] est un multiple de la 1ʳᵉ cᵗᵉ [4]. La 2ᵉ pⁱᵉ [20] possède évidemment la même propriété.

D'autre part, la somme [12 + 4] de la 1ʳᵉ pⁱᵉ et de la 1ʳᵉ cᵗᵉ étant égale à la différence [20 — 4] entre la 2ᵉ pⁱᵉ et la 1ʳᵉ cᵗᵉ, on en déduit que la 2ᵉ pⁱᵉ surpasse la 1ʳᵉ pⁱᵉ de 2 fois la 1ʳᵉ cᵗᵉ. Par suite, la 2ᵉ et la 1ʳᵉ pⁱᵉˢ étant des multiples de la 1ʳᵉ cᵗᵉ, la différence [5 — 3] des rangs de ces multiples devra être égale à **2**. Telle sera la condition unique à laquelle devront satisfaire les deux premières pⁱᵉˢ. En choisissant arbitrairement la 1ʳᵉ cᵗᵉ et le rang de la 1ʳᵉ pⁱᵉ considérée comme multiple de la 1ʳᵉ cᵗᵉ, le rang de la 2ᵉ pⁱᵉ envisagée de la même manière s'obtiendra en ajoutant **2** unités au précédent. On multipliera ensuite les nombres représentant ces deux rangs par la 1ʳᵉ cᵗᵉ pour trouver la 1ʳᵉ et la

2e p^{ies}; la 2e c$_{te}$ se déduira aisément de ces résultats.

Nous savons qu'il suffit, pour la détermination de la 3e p^{ie}, que la 2e c^{te} soit divisible par la 1re, ce que nous avons supposé dans les raisonnements précédents; la 3e p^{ie} sera donc le quotient de la 2e c^{te} par la 1re. Quant à la 4e p^{ie}, elle sera donnée par le produit des deux c^{tes}.

On voit d'après cela que le problème a une infinité de solutions. En voici quelques-unes :

HYPOTHÈSES				RÉSULTATS				
1re Constante	Rang des multiples de la 1re constante		2e Constante	Parties				Solutions
	1re partie	2e partie		1ro	2o	3o	4e	
1	1	3	2	1	3	2	2	8
	2	4	3	2	4	3	3	12
	3	5	4	3	5	4	4	16
	4	6	5	4	6	5	5	20
2	1	3	4	2	6	2	8	18
	2	4	6	4	8	3	12	27
	3	5	8	6	10	4	16	36
	4	6	10	8	12	5	20	45
3	1	3	6	3	9	2	18	32
	2	4	9	6	12	3	27	48
	3	5	12	9	15	4	36	64
	4	6	15	12	18	5	45	80
4	1	3	8	4	12	2	32	50
	2	4	12	8	16	3	48	75
	3	5	16	12	20	4	64	100
	4	6	20	16	24	5	80	125

Fig. 42.

147. *Trouver le nombre des chiffres d'une partie de la suite naturelle des nombres entiers.*

Cherchons, par exemple, le nombre des chiffres des 341 premiers entiers.

Considérons le tableau des 341 premiers nombres (*fig.* 43) où nous avons disposé les chiffres en 3 colonnes verticales, où les points remplacent les chiffres manquants des 99 premiers nombres et dont enfin la première ligne est composée de 3 points.

Ce tableau contient en tout $(341 + 1)3$ signes (points et chiffres). Remarquons maintenant que la 1re colonne de droite contient un point; la 2$^\text{e}$, 10 ; la 3$^\text{e}$, 100 ou 10^2. Les 341 premiers nombres contiennent donc

$$(341 + 1)3 - (10^2 + 10 + 1)$$
$$= (341 + 1)3 - 111 \text{ chiffres.}$$

Fig. 43.

On en déduit que le nombre des chiffres d'une partie de la suite naturelle des entiers commençant à 1 est égal à la différence du produit de l'entier supérieur augmenté de 1 par le nombre de chiffres de cet entier et d'un nombre composé d'autant de chiffres 1 que l'entier supérieur contient de chiffres.

Si nous voulons maintenant trouver le nombre des chiffres des nombres compris, par exemple, entre le 342$^\text{e}$ inclus et le 87 956$^\text{e}$ également inclus, cela nous sera facile. En effet, nous venons de voir que les 341 premiers nombres renfermaient

$$(341 + 1)3 - 111 = 915 \text{ chiffres.}$$

Les 87 956 premiers nombres contenant

$$(87\,956 + 1)5 - 11\,111 = 428\,674 \text{ chiffres,}$$

le nombre de chiffres cherché sera la différence de ces deux résultats, c'est-à-dire 427 759 chiffres.

148. *Trouver un entier de 3 chiffres dont le double représente le nombre des chiffres de tous les entiers non supérieurs au nombre cherché.*

Considérons un nombre quelconque de 3 chiffres, par exemple 341. Nous venons de voir que les 341 premiers nombres ont

$$(341+1)3 - 111 = 341 \times 3 + 3 - 111 = 341 \times 3 - 108 \text{ chiffres,}$$

le nombre 108 étant constant pour les nombres de 3 chiffres.

Il en résulte que le triple du nombre cherché diminué de 108 doit être égal à son double, c'est-à-dire que ce nombre est précisément 108.

149. *On écrit tous les nombres entiers à la suite les uns des autres et dans leur ordre naturel. Trouver le 552 715ᵉ chiffre.*

Pour nous permettre de trouver plus facilement la solution de ce problème, nous résoudrons d'abord les questions suivantes :

150. I. — *Combien y a-t-il d'entiers composés d'un nombre déterminé de chiffres ?*

Il y a $9 \times 1 = 9 \times 10^{0}$ nombres de 1 chiffre.

Les nombres de 2 chiffres commencent à 10 pour finir à 99 ; il y a donc 9×10^{1} nombres de 2 chiffres.

Les nombres de 3 chiffres commencent à 100 pour finir à 999 ; il y a donc 9×10^{2} nombres de 3 chiffres, et ainsi de suite.

En général, il y a 9×10^0, 9×10^1, 9×10^2, 9×10^3, ... nombres de 1, 2, 3, 4, ... chiffres.

151. *II. — Combien faut-il de chiffres pour écrire tous les entiers composés d'un nombre déterminé de chiffres ?*

D'après I, on voit que pour écrire tous les entiers composés respectivement de 1, 2, 3, 4, 5, ... chiffres, il faut 9, $2 \times 9 \times 10$, $3 \times 9 \times 10^2$, $4 \times 9 \times 10^3$, $5 \times 9 \times 10^4$, ... chiffres.

152. *III. — Combien faut-il de chiffres pour écrire tous les nombres depuis 1 jusqu'à 99999 ... inclusivement ?*

Nous avons donné au n° 147 un procédé pour résoudre cette question. Nous allons en donner un second, s'appuyant sur les questions I et II.

D'après II, on voit que pour les nombres de

1 chiffre, il faut	$9 \times 10^0 =$	1×9	chiffres
2 chiffres, —	$2 \times 9 \times 10^1 =$	20×9	—
3 — —	$3 \times 9 \times 10^2 =$	300×9	—
4 — —	$4 \times 9 \times 10^3 =$	4000×9	—
5 — —	$5 \times 9 \times 10^4 =$	50000×9	—

Donc pour écrire tous les entiers de 1 à 99999..., c'est-à-dire tous les entiers ayant 1, 2, 3, 4, 5, ... chiffres, il faut ...54321 $\times$ 9 chiffres, le nombre ...54321 étant formé par la suite naturelle des entiers et contenant autant de ces derniers qu'il y a de chiffres 9 dans le nombre donné 99999...

153. Cela posé, le problème proposé au n° 149 est aisé

à résoudre. En effet, les nombres ayant 1, 2, 3, 4, 5 ou 6 chiffres ont au total

$$654321 \times 9 = 5888889 \text{ chiffres;}$$

les nombres ayant 1, 2, 3, 4 ou 5 chiffres ont au total

$$54321 \times 9 = 488889 \text{ chiffres.}$$

Le chiffre considéré appartient donc à un nombre de 6 chiffres ; la suite donnée étant supposée s'arrêter à ce dernier nombre, les nombres de 6 chiffres de cette suite ont donc

$$552715 - 488889 = 63826 \quad \text{chiffres.}$$

On a d'ailleurs

$$63826 = 10637 \times 6 + 4.$$

Le chiffre demandé est par suite le 4e du 10638e nombre de la suite. Or, le 1er nombre de 6 chiffres étant 100000, le 2e, $100000 + 1$, ..., le 10638e est 110637. Ainsi le chiffre cherché est 6.

Le problème suivant montre comment on pourra étendre ce procédé à une suite de nombres présentant entre eux une certaine relation, comme les nombres pairs ou impairs, les carrés, les cubes, etc.

154. On écrit à la suite les uns des autres les multiples consécutifs du nombre 21. Quel est le 53845e chiffre de cette suite ?

On sait (150) qu'il y a 9 nombres de 1 chiffre, 99 de 1 et 2 chiffres, 999 de 1, 2 et 3 chiffres, etc... Désignons, pour simplifier, le quotient entier d'une expression par un double crochet enfermant cette expression.

Le nombre des multiples de 21 ayant

$$\text{1 chiffre est alors} \qquad \left[\frac{9}{21}\right] = 0$$

$$\text{2 chiffres} \quad - \qquad \left[\frac{99}{21}\right] = 4$$

$$\text{2 et 3} \quad - \quad - \qquad \left[\frac{999}{21}\right] = 47$$

$$\text{2, 3 et 4} \quad - \quad - \qquad \left[\frac{9999}{21}\right] = 476$$

$$\text{2, 3, 4 et 5} \quad - \quad - \qquad \left[\frac{99999}{21}\right] = 4761$$

$$\text{2, 3, 4, 5 et 6} \quad - \quad - \qquad \left[\frac{999999}{21}\right] = 47619$$

Le nombre des multiples de 21 ayant

2 chiffres est donc	4	=	4
3 — —	47 — 4	=	43
4 — —	476 — 47	=	429
5 — —	4761 — 476	=	4285
6 — —	47619 — 4761	=	42858

$$\text{Vérification} \quad \overline{47619}$$

Le nombre des chiffres des multiples de 21 ayant

2 chiffres est par suite	$4 \times 2 =$	8
3 — —	$43 \times 3 =$	129
4 — —	$429 \times 4 =$	1716
5 — —	$4285 \times 5 =$	21425
		$\overline{23278}$
6 — —	$42858 \times 6 =$	257148
		$\overline{280426}$

Le chiffre cherché, étant compris entre le 23279ᵉ et

le 280426e, appartient à un multiple de 21 ayant 6 chiffres. Il est donc le $53845 - 23278 = 30567^e$ chiffre de la suite des multiples de 21 ayant 6 chiffres. Or

$$30567 = 5094 \times 6 + 3;$$

le chiffre demandé est par suite le 3 du $5094 + 1 = 5095^e$ multiple de 21 ayant 6 chiffres. Comme

$$100000 = 21 \times 4761 + 19,$$

le premier multiple de 21 ayant 6 chiffres est

$$21 \times 4762 = 100002;$$

le 5095e sera

$$100002 + 21 \times 5094 = 206976.$$

Le chiffre cherché étant le 3e de ce nombre, sera par conséquent 6.

On pourrait encore raisonner comme il suit pour obtenir le 5095e multiple de 21 ayant 6 chiffres. Le nombre des multiples de 21 ayant 2, 3, 4 et 5 chiffres est

$$4 + 43 + 429 + 4285 = 4761.$$

Le multiple cherché est donc le $4761 + 5095 = 9856^e$; il est par suite égal à $21 \times 9856 = 206976$; c'est le nombre obtenu précédemment.

155. *Combien faut-il de chiffres pour paginer une encyclopédie contenant* 12535 *pages ?*

Le problème revient à trouver le nombre de chiffres des 12535 premiers entiers. On sait (147) que ce nombre de chiffres est $(12535 + 1)5 - 11111 = 51569$.

156. *La pagination d'un ouvrage a nécessité* 4989 *chiffres. Combien cet ouvrage renferme-t-il de pages ?*

Pour résoudre cette question, on pourrait, comme

dans le problème précédent, se servir de la proposition du n° 147 ; mais nous emploierons de préférence la proposition III du n° 152.

On voit d'abord que le volume renferme plus de 999 pages et moins de 9 999.

La pagination des 999 premières pages ayant nécessité

$$9 \times 321 = 2\,889 \text{ chiffres,}$$

il reste pour les autres pages

$$4\,989 - 2\,889 = 2\,100 \text{ chiffres.}$$

Le nombre des pages restantes est par suite

$$\frac{2\,100}{4} = 525.$$

L'ouvrage renferme donc

$$999 + 525 = 1\,524 \text{ pages.}$$

157. *Dans la suite naturelle des nombres, combien de fois écrit-on le même chiffre, le chiffre 3 par exemple ?*

On écrit 3 :

1° Pour les nombres d'un chiffre . . . . 1 fois.

2° — de 2 chiffres
  I. 10 fois à gauche de la 3e dizaine. . . 10
  II. 1 fois à droite de chaque dizaine 9
       19 fois.

3° — de 3 —
  I. 100 fois à gauche de la 3e centaine. 100
  II. 10 fois à droite de chaque chiffre des centaines. . 90
  III. 10 fois à droite du chiffre des dizaines dans chaque centaine . . . 90
       280 fois.

$$4^{\mathrm{o}}\text{ Pour les nombres de 4 chiffres.}\left\{\begin{array}{lr} \text{I. }1000\text{ fois à gau-} & \\ \text{che du }3^{\mathrm{o}}\text{ mille . } & 1000 \\ \text{II. }100\text{ fois à droite} & \\ \text{de chaque chiffre} & \\ \text{des mille . . . } & 900 \\ \text{III }100\text{ fois à droite} & \\ \text{du chiffre des cen-} & \\ \text{taines dans cha-} & \\ \text{que mille . . . } & 900 \\ \text{IV. }100\text{ fois à droite} & \\ \text{du chiffre des di-} & \\ \text{zaines dans cha-} & \\ \text{que mille . . . } & 900 \end{array}\right\} 3700\text{ fois.}$$

et ainsi de suite.

On écrit donc 3 :

1º Pour former les nombres de 1 à 99

$$1 + 19 = 1 + 9 + 10 = 2 \times 10 \text{ fois.}$$

2º Pour former les nombres de 1 à 999

$$1 + 19 + 280 = 2 \times 10 + 2 \times 90 + 100 = 3 \times 10^2 \text{ fois.}$$

3º Pour former les nombres de 1 à 9999

$$1 + 19 + 280 + 3700 = 3 \times 100 + 3 \times 900 + 1000$$
$$= 4 \times 10^3 \text{ fois.}$$

. . . .

On voit qu'une relation simple donne le résultat cherché et qu'il est aisé de continuer ce tableau aussi loin qu'on veut.

158. *En supposant chacun des 95 premiers nombres élevé à une puissance marquée par le nombre lui-même, trouver le chiffre des unités de la somme obtenue en additionnant les puissances de 19^{19} à 95^{95}.*

La solution de ce problème repose sur deux remarques importantes. En premier lieu, observons qu'*une puissance quelconque d'un nombre se termine par le même chiffre que la puissance identique du chiffre des unités de ce nombre.* On peut le démontrer pour une puissance supérieure à la troisième en partant des propositions analogues concernant le carré et le cube (**100-120**). Ainsi 294^5 et 4^5 devront être terminés par le même chiffre. En effet,

$$294^5 = 294^2 \times 294^3.$$

Or on sait (**100-120**) que les facteurs du second membre sont terminés respectivement par les mêmes chiffres que 4^2 et 4^3; leur produit aura donc pour chiffre des unités celui du produit $4^2 \times 4^3 = 4^5$.

Cela étant, élevons les 9 premiers nombres à la **2ᵉ**, à la **3ᵉ**, à la **4ᵉ** puissance et consignons le chiffre des unités des résultats dans le tableau ci-dessous.

Degrés des puissances	Nombres								
	1	2	3	4	5	6	7	8	9
	Terminaisons								
1	1	2	3	4	5	6	7	8	9
2	1	4	9	6	5	6	9	4	1
3	1	8	7	4	5	6	3	2	9
4	1	6	1	6	5	6	1	6	1

Fig. 44.

On vérifie ensuite que la **5ᵉ** puissance se termine comme la première. Il en résulte que le chiffre des unités de la **6ᵉ** puissance, qui est égal à celui du produit de la **5ᵉ** par la **1ʳᵉ** ou, d'après ce que nous venons de voir, à celui du produit de la **1ʳᵉ** par la **1ʳᵉ**, est le

même que celui de la 2ᵉ; le chiffre des unités de la 7ᵉ
est le même que celui de la 3ᵉ et ainsi de suite.

En général, *une puissance quelconque d'un nombre
entier est terminée par le même chiffre que la puissance
de ce nombre qui est d'un degré égal au reste de la
division par 4 du degré de la puissance donnée, en remarquant toutefois qu'on devra prendre 4 pour reste si
ce degré est un multiple de 4.*

Revenons maintenant à notre problème. On a

$$19 = 4 \times 4 + 3, \qquad 90 = 4 \times 22 + 2 \; ;$$

19^{19} se termine donc par le même chiffre que 19^3 ou 9^3,
c'est-à-dire par 9 ; 90^{90} par 0 ; 91^{91} par le même chiffre
que 1^3 ou 1 ; 92^{92} par le même chiffre que 2^4 ou 6 ;
93^{93} par le même chiffre que 3^1 ou 3 ; 94^{94} par le même
chiffre que 4^2, c'est-à-dire par 6 ; 95^{95} par le même
chiffre que 5^3 ou 5.

Cherchons enfin le chiffre des unités de la somme des
puissances des nombres compris entre 20 et 89. Les
nombres de la 1ʳᵉ dizaine.

$$20^{20}, \quad 21^{21}, \quad \ldots, \quad 29^{29},$$

sont respectivement terminés par

$$5, 1, 4, 7, 6, 5, 6, 3, 6, 9,$$

dont la somme est 47. Les nombres de la 2ᵉ dizaine,

$$30^{30}, \quad 31^{31}, \quad \ldots, \quad 39^{39},$$

sont respectivement terminés par les chiffres

$$0, 1, 6, 3, 6, 5, 6, 7, 4, 9,$$

dont la somme est encore 47. En remarquant que la
3ᵉ dizaine a les mêmes terminaisons que la 1ʳᵉ, puisque
les degrés des puissances qui les composent ne diffèrent
deux à deux que d'un multiple de 4 ; que la 4ᵉ dizaine

a les mêmes terminaisons que la 2ᵉ, etc., on voit que la somme des unités des puissances de chaque dizaine est 47. La somme des 7 dizaines comprises entre les puissances 20 et 89 a donc pour chiffre final le chiffre des unités de $7 \times 7 = 49$, c'est-à-dire 9. En y ajoutant les chiffres terminant les 19ᵉ, 90ᵉ, 91ᵉ, …, 95ᵉ puissances, c'est-à-dire 9, 0, 1, 6, 3, 6, 5, on voit que le chiffre cherché est 9.

DEUXIÈME PARTIE

LES APPLICATIONS

CHAPITRE IX

LE JOUR DE LA SEMAINE (*)

PROBLÈME

159. Le problème qui va faire l'objet de ce chapitre peut s'énoncer ainsi :

A quel jour de la semaine correspond une date donnée ?

Beaucoup de personnes ont pu admirer l'étonnante faculté de calcul que possède Inaudi. Ce qui frappe le plus parmi les questions que résout le fameux calculateur, c'est assurément la promptitude avec laquelle il donne la solution du problème qui va nous occuper. Inaudi est heureusement servi par sa prodigieuse mémoire, car on va voir que cette question est souvent délicate et exige toujours de l'attention.

Nous commencerons par donner l'historique succinct des réformes successives subies par le calendrier.

(*) Nous avons cru pouvoir placer cette question dans le présent ouvrage, parce qu'elle est, sauf un peu d'historique, entièrement arithmétique et qu'elle donne lieu à d'intéressants exercices.

Calendrier julien.

160. On sait que l'année tropique contient **365 jours** **242217** millionièmes de jour, ou $365^j,242217$. C'est l'année tropique qui règle le retour des saisons ; c'est elle, par suite, qui doit servir de base à l'année civile et au calendrier.

En prenant une année civile qui renferme constamment 365 jours seulement, comme le faisaient les Égyptiens, on commet une erreur qui, au bout d'un certain nombre d'années, peut devenir importante : en 100 ans, par exemple, les dates avanceraient sur les véritables de

$$100 \times 0,242217 = 24^j,2217.$$

Les Romains conservèrent longtemps cette division de l'année en 365 jours. Mais, au temps de Jules César, les saisons se trouvant complètement déplacées, le dictateur décida que dans une période de 4 années consécutives, les trois premières années renfermeraient 365 jours et la quatrième 366. L'année julienne est donc égale à $365^j,1/4 = 365^j,25$.

Les évêques, réunis en concile à Nicée, **en 325**, s'occupèrent entre autres choses, de régler la date de la fête de Pâques d'une façon précise. A cet effet, ils conservèrent le calendrier julien, donnèrent le nom de bissextile à la 4ᵉ année et décidèrent que les années bissextiles seraient celles dont le millésime serait divisible par 4.

Calendrier grégorien.

161. Mais l'année julienne étant trop longue do $365^j,25 - 365^j,242217 = 0^j,007783,$ soit d'environ

$\dfrac{3}{400}$, l'équinoxe de printemps arrivait en 1582 le 11 mars (au lieu du 21 mars). Cette année-là, le pape Grégoire XIII supprima 10 jours au calendrier et décida que le lendemain du jeudi 4 octobre serait le vendredi 15 octobre et qu'afin d'éviter le retour d'un pareil état de choses, on retrancherait au calendrier 3 jours en 400 ans ; pour cela, les seules années séculaires qui resteraient bissextiles seraient celles dont le millésime indique un nombre de siècles divisible par 4. Ainsi 1 600 a été bissextile, 1 700, 1 800 et 1 900 ne l'ont pas été, mais 2 000 le sera.

L'expression $\quad 365^{j} + \dfrac{1}{4} - \dfrac{1}{100} + \dfrac{1}{400} = 365^{j},2425$,

qui donne la valeur de l'année grégorienne, fait voir en même temps les réformes successives subies par le calendrier.

$+ \dfrac{1}{4}$ indique que tous les 4 ans, on ajoute un jour à l'année ;

$- \dfrac{1}{100}$, que tous les 100 ans on retranche un jour à chaque centième année qui devrait être bissextile ;

$+ \dfrac{1}{400}$, que tous les 400 ans, on reprend l'année bissextile.

Le calendrier grégorien laisse bien encore subsister une légère erreur, mais elle n'est que d'environ 1 jour en 4 000 ans. On peut donc admettre, sans erreur sensible, que la durée de l'année est celle indiquée par le calendrier grégorien, soit $365^{j}.2425$.

Revenons maintenant à notre problème.

Le jour de la semaine.

La solution de ce problème repose sur les remarques suivantes :

162. I. — *Lorsqu'on retranche ou qu'on ajoute à une date un nombre de jours multiple de 7, on tombe sur le même jour de la semaine que celui de la date considérée.*

Ainsi le 2 mars étant, par exemple, un lundi, le $2 + 7 = 9$, le $2 + 14 = 16$, le $2 + 21 = 23$, le $2 + 28 = 30$ mars tomberont un lundi.

163. II. — *Il résulte de la remarque I que dans le calcul du jour de la semaine correspondant à une date, connaissant le jour relatif à une date déterminée, on pourra négliger les multiples de 7 et ne tenir compte que du reste de la division par 7 du nombre de jours compris entre les deux dates considérées.*

Pour simplifier, nous appellerons *résidu* ce reste ; il indique dans la semaine le rang du jour cherché, le jour donné étant numéroté zéro.

Applications. — *Le 1ᵉʳ mars d'une année étant un lundi, quel jour tombera le 6 août de la même année ?*

Il s'est écoulé entre les deux dates 158ʲ ; le résidu de 158 est 4. Le jour cherché est donc le 4ᵉ à partir du mardi, c'est-à-dire un vendredi.

Autrement : le 1ᵉʳ mars et le 2 août sont un lundi, car 154 est un mult. de 7. Le 6 août est par suite un vendredi.

Connaissant le jour de la semaine correspondant au 1ᵉʳ janvier d'une année déterminée, trouver le jour de la semaine correspondant au 1ᵉʳ *mars de la même année.*

Supposons d'abord que l'année considérée soit non bissextile. Entre le 1ᵉʳ janvier et le 1ᵉʳ mars, on compte 59ʲ, nombre dont le résidu est 3. Si le 1ᵉʳ janvier est un jeudi par exemple, le 1ᵉʳ mars est un dimanche. Dans le cas d'une année bissextile, ce résidu est 4.

Réciproquement, on peut trouver le jour de la semaine correspondant au 1ᵉʳ janvier, connaissant celui qui correspond au 1ᵉʳ mars. Ainsi, pour une année commune, on peut encore prendre 3 comme résidu, mais on doit alors compter les jours en rétrogradant ; il est beaucoup plus commode de prendre dans ce cas comme résidu $7 - 3 = 4$, ce qui permet de compter les jours dans leur ordre naturel. Dans l'hypothèse d'une année bissextile, ce même résidu serait $7 - 4 = 3$.

164. III. — *Une année renfermant* 52 *semaines plus* 1 *jour ou plus* 2 *jours, suivant qu'elle n'est pas ou qu'elle est bissextile, le résidu bissextile est, selon le cas,* 1 *ou* 2.

On en déduit que si le 1ᵉʳ janvier d'une année non bissextile est, par exemple, un lundi, le 1ᵉʳ janvier de l'année suivante est un mardi ; si elle était bissextile, le 1ᵉʳ janvier de l'année suivante serait un mercredi.

Application. — *Sachant que le* 1ᵉʳ *janvier* 1899 *était un dimanche, quel jour de la semaine est tombé le* 1ᵉʳ *janvier* 1801 ?

Il s'est écoulé entre les deux dates considérées 98 années parmi lesquelles 24 sont bissextiles. Le résidu correspondant s'obtient en ajoutant les résidus annuels, soit 98, aux résidus supplémentaires provenant des années bissextiles, soit 24 : le résultat est 122 et en divisant ce nombre par **7**, on a pour résidu **3**. Si l'on veut se servir de ce résidu sans modification, on doit d'après l'énoncé compter ce résidu en rétrogradant. Il en résulte que le 1er janvier 1801 était un jeudi.

Autrement : le 1er janvier et le 29 décembre 1898 sont tombés le même jour, c'est-à-dire un jeudi, puisque le résidu correspondant est nul.

165. Ainsi, à l'aide seulement de ces remarques, on pourrait trouver à quel jour de la semaine correspond une date quelconque. Mais nous donnerons successivement dans la suite des solutions plus rapides du problème.

166. Nous désignerons dans ce qui va suivre, par *partie séculaire* du millésime d'une année déterminée la partie de ce millésime qui indique le siècle et par *partie annuelle* le reste du millésime. Ainsi, pour l'année 425, 4 est la partie séculaire, 25 la partie annuelle ; pour l'année 1841, 18 est la partie séculaire, 41 la partie annuelle.

Enfin, comme simplification, pour indiquer qu'on prend le quotient entier d'une expression, nous renfermerons cette expression entre deux crochets. Ainsi

$$\left[\frac{17}{4}\right] = 4.$$

L'erreur du calendrier grégorien.

167. En effectuant sa réforme, le pape Grégoire XIII avait surtout pour but de replacer la fête de Pâques à l'époque fixée par le concile de Nicée. Il rétablit donc la date du 15 octobre 1582 en supposant exactes les dates de l'année 325. Or elles ne l'étaient pas, car les années 100, 200, 300 n'auraient pas dû être bissextiles. Il a donc dû s'écouler entre les années 1 et 325 un nombre de jours plus grand que celui indiqué par le calendrier grégorien actuel, dont le point de départ, au lieu d'être comme on pourrait le croire, à l'an 1 de notre ère, est en réalité l'année 325.

En effet, les 324 années comprises entre le commencement de notre ère et l'an 325 ont

contenu. . . . . $324 \times 365^{j},25 = 118341^{j}$

Si le calendrier grégorien avait été appliqué à partir de l'an 1, elles n'auraient contenu que $324 \times 365^{j},2425 = 118338^{j},57$

Soit une différence de . . .   . $2^{j},43$

Ainsi, il s'est écoulé réellement (*) $2^{j},43$ de plus que le calendrier grégorien n'en compte depuis le commencement de notre ère, c'est-à-dire que toutes les dates — par rapport aux jours de la semaine — devraient être avancées en conséquence. Par exemple, le dimanche 1er janvier 1899 aurait dû s'appeler 3 janvier.

Applications.

168. 1° *Quel jour de la semaine a été le* 1er *janvier de l'an 1, sachant que le* 1er *janvier 1898 est tombé un samedi ?*

En supposant que le calendrier grégorien ait été appliqué depuis le commencement de notre ère, il se serait écoulé entre ces deux dates un nombre de jours égal à

(*) En admettant que l'année grégorienne ait la même durée que l'année tropique. L'erreur ainsi commise est d'ailleurs, dans la plupart des cas, négligeable.

$$1\,897 \times 365^j,2425 = 692\,865^j,02.$$

Mais comme il s'agit ici d'une date antérieure à **325**, nous devons, d'après ce que nous venons de voir, ajouter pour le présent cas 2 ,43 à ce nombre, afin de trouver le jour exact de la semaine. Ainsi il s'est écoulé *réellement* 692 867 jours complets entre les deux dates considérées. Le résidu correspondant étant nul, le 1ᵉʳ janvier 1 est tombé un samedi.

169. 2° *En supposant que le calendrier grégorien ait été appliqué depuis le commencement de notre ère et que le 1ᵉʳ janvier 1898 ait alors effectivement dû tomber un samedi, quel jour aurait été le 1ᵉʳ janvier 1 ?*

D'après le calcul précédent (**168**) il suffit de chercher le résidu correspondant à 692 865 : ce résidu est 5. On doit le compter en rétrogradant ; le 1ᵉʳ janvier 1898 étant un samedi, le 1ᵉʳ janvier 1 serait tombé un lundi.

170. 3° *A quel jour de la semaine correspond le 12 octobre 1492, date de la découverte de l'Amérique par Christophe Colomb ? (Calendrier julien.)*

On compte, du 1ᵉʳ janvier 1 au 1ᵉʳ janvier 1492, 1491 années.

Résidus annuels	1491
Résidus bissextiles $\left[\dfrac{1491}{4}\right]$	372
Nombre de jours du 1ᵉʳ janvier au 12 octobre 1492	285
	2148

dont le résidu est 6.

Le 1er janvier 1 ayant été un samedi, le 12 octobre 1492 est tombé un vendredi.

171. *Même question pour le 5 mai 1789, date de la convocation des États Généraux. (Calendrier grégorien.)*

En supposant que le calendrier grégorien ait été appliqué depuis le commencement de notre ère, on a

$$\text{Résidus annuels.} \ldots \ldots \ldots \ldots \quad 1788$$

$$\text{Résidus bissextiles} \left[\frac{1789}{4}\right] \ldots \ldots \quad 447$$

$$\text{Nombre de jours du 1}^{er}\text{ janvier au}$$
$$\text{5 mai 1789} \ldots \ldots \ldots \ldots \ldots \quad 124$$

$$\overline{ 2359}$$

A retrancher :

$$\text{Résidus séculaires} \left[17 - \frac{17}{4}\right] \ldots \quad 13$$

$$\overline{ 2346.}$$

Le résidu du résultat est 1. D'après nos suppositions, le 1er janvier 1 étant un lundi (169), le 5 mai 1789 est donc tombé un mardi.

172. Remarques importantes. I. — Depuis le commencement de notre ère, les jours de la semaine se sont succédé sans interruption dans leur ordre naturel. Lors de la réforme grégorienne, *seuls, les quantièmes furent modifiés :* le lendemain du *jeudi 4 octobre* 1582 fut le *vendredi 15 octobre.*

173. II. — Les Russes et les Grecs ont conservé le calendrier julien. Pour les autres nations européennes, le calendrier julien doit être appliqué, en général, depuis l'an 1 jusqu'au 4 octobre 1582 inclusi-

vement et le calendrier grégorien, à partir du
15 octobre 1582.

Règles générales.

174. Nous avons eu pour but, dans les numéros précédents, de montrer à nos lecteurs qu'on pouvait, sans autre point de repère que la connaissance du jour de la semaine correspondant à une certaine date, déterminer le jour relatif à une date quelconque. Les exemples donnés ont en outre bien fait comprendre le mécanisme du calendrier. Mais on peut réduire de beaucoup les calculs et les chances d'erreur. A cet effet, nous allons indiquer et justifier deux règles très simples, dont le principe est dû à l'astronome français Delambre, un des inventeurs du système métrique.

175. Dans ce qui va suivre : 1° nous prendrons comme point de départ le 1ᵉʳ mars, afin d'éviter toute complication provenant des années bissextiles ; 2° nous ferons en sorte que dans les divisions par 7, *le résidu* 0 *désigne constamment le dimanche,* 1 *le lundi,* 2 *le mardi,* ... *et* 6 *le samedi.* Nous appellerons ces différents nombres les *numéros* des jours correspondants.

La connaissance d'un numéro détermine donc absolument le jour de la semaine. Les règles que nous allons établir nous donneront précisément ce numéro à l'aide d'un calcul rapide. Nous résoudrons d'abord les deux questions suivantes :

176. 1° *Connaissant le n° du premier jour d'un mois,*

trouver le n° du jour correspondant à un quantième quelconque du même mois.

Soit, par exemple, à trouver le n° du 24 d'un mois sachant que le n° du 1ᵉʳ est 3.

Le 24 du mois a (163) par rapport au 1ᵉʳ un résidu égal à celui de l'expression (24 — 1), soit 2, et son n° est par suite   3 + 2.

Ainsi, *le n° d'un quantième est égal au n° du 1ᵉʳ du mois, plus le résidu correspondant au quantième diminué de 1.*

177. 2° *Connaissant le n° du 1ᵉʳ mars d'une année, trouver le n° d'une date quelconque de la même année.*

Le 1ᵉʳ du mois de la date considérée a par rapport au 1ᵉʳ mars un résidu donné par le tableau ci-contre (*fig.* 45) où le 1ᵉʳ mars est supposé avoir 0 pour résidu. (Voir pour le calcul des nombres de ce tableau le n° **163**, **Applications**).

MOIS	Résidu correspondant.	
	Année	
	commune	bissextile
Janvier . .	4	3
Février . .	0	6
Mars. . . .	0	
Avril . . .	3	
Mai	5	
Juin. . . .	1	
Juillet. . .	3	
Août . . .	6	
Septembre .	2	
Octobre . .	4	
Novembre .	0	
Décembre .	2	

Fig. 45.

Le n° du 1ᵉʳ d'un mois s'obtiendra donc en ajoutant au n° du 1ᵉʳ mars de la même année le résidu correspondant du tableau ci-dessus.

Enfin, d'après cela et la proposition **176**, *le n° d'un quantième d'un mois quelconque s'obtiendra en ajoutant* *au n° du jour de la semaine relatif au 1ᵉʳ mars le résidu du tableau correspondant au mois et le résidu correspondant au quantième diminué de 1.*

Soit, par exemple, à trouver le n° du 9 décembre, sachant que le n° du 1ᵉʳ mars de la même année est 3. Le résidu du tableau correspondant au 1ᵉʳ décembre est 2 ; le résidu du quantième 9, diminué de 1, est 1. Le n° cherché est par suite

$$3 + 2 + 1 = 6.$$

Cela posé, nous allons pouvoir établir les deux règles dont nous avons parlé.

178. I. — Calendrier julien. — Soit, pour fixer les idées, à déterminer le n° du 12 octobre 1492.

Cherchons d'abord le n° du 1ᵉʳ mars 1492. Le 1ᵉʳ janvier de l'an 1 étant tombé un samedi (**168**), son n° est 6 ; il en résulte (**163**, Applications) que le n° du 1ᵉʳ mars 1 est égal au résidu de $6 + 3 = 9$, soit à 2. D'après ce que nous avons vu plus haut, il nous faut chercher le résidu de l'expression

$$2 + 1491 + \left[\frac{1492}{4}\right] = 1492 + \left[\frac{1492}{4}\right] + 1,$$

où 2 représente le n° du 1ᵉʳ mars 1, 1491 les résidus annuels, $\left[\dfrac{1492}{4}\right]$ les résidus bissextiles.

Cette expression peut s'écrire

$$1400 + \frac{1400}{4} + 92 + \left[\frac{92}{4}\right] + 1 = 14(100 + 25) + 92 + \left[\frac{92}{4}\right] + 1,$$

ou, puisqu'on ne cherche que le résidu et que $125 = 17 \times 7 + 6$, en négligeant les multiples de 7

$$14 \times 6 + 92 + \left[\frac{92}{4}\right] + 1$$

Le n° du 1ᵉʳ mars 1492 est donc égal au résidu de cette dernière expression. Pour obtenir le n° du 12 octobre 1492, nous devons de plus (177) ajouter le résidu 4 du tableau, correspondant au 1ᵉʳ octobre et le résidu de (12 — 1); c'est-à-dire qu'en définitive, en remarquant qu'ajouter 1 et retrancher 1 revient à ajouter 0, le n° cherché sera égal au résidu de

$$\text{(I)} \qquad 14 \times 6 + 92 + \left[\frac{92}{4}\right] + 4 + 12.$$

Le raisonnement précédent est évidemment indépendant de l'année considérée. Ainsi :

1ʳᵉ Règle. — *Pour trouver à quel jour de la semaine correspond une date quelconque du calendrier julien, on cherchera le résidu (reste de la division par 7) de l'expression obtenue en faisant la somme : 1° du sextuple de la partie séculaire du millésime de l'année considérée ; 2° de la partie annuelle ; 3° du quotient entier de cette partie annuelle par 4 ; 4° du résidu du premier du mois donné relatif au 1ᵉʳ mars (tableau du n° 177) ; et 5° du quantième donné. Le résidu ainsi obtenu ou numéro sera l'un des nombres 0, 1, ..., 6, désignant respectivement le dimanche, le lundi, ..., le samedi.*

Dans l'exemple choisi, le résidu final est 5. Le 12 octobre 1492 est donc tombé un vendredi.

179. II. — Calendrier grégorien. — Soit à déterminer le n° du 21 janvier 1793 (mort de Louis XVI). En supposant que le calendrier grégorien ait été appliqué depuis le commencement de notre ère, le 1ᵉʳ janvier 1 aurait été un lundi (169), jour de la semaine dont le n° est 1 ; le n° du 1ᵉʳ mars 1 aurait par suite été (163, Applications) $1 + 3 = 4$. Cherchons d'abord le n° du 1er mars 1793. D'après ce que nous avons vu précédemment, il nous faut chercher le résidu de l'expression

$$4 + 1792 + \left[\frac{1793}{4}\right] - 17 + \left[\frac{17}{4}\right],$$

où 1792 représente les résidus annuels, $\left[\dfrac{1793}{4}\right]$ les résidus bissextiles et $-17 + \left[\dfrac{17}{4}\right]$ les résidus séculaires à retrancher $\left(\text{car retrancher } 17 - \left[\dfrac{17}{4}\right] \text{ revient à retrancher } 17 \text{ et à ajouter } \left[\dfrac{17}{4}\right]\right)$.

Cette expression peut s'écrire

$$1700 + 93 + \frac{1700}{4} + \left[\frac{93}{4}\right] - 17 + \left[\frac{17}{4}\right] + 3$$
$$= 17(100 + 25 - 1) + \left[\frac{17}{4}\right] + 93 + \left[\frac{93}{4}\right] + 3,$$

et enfin, puisque le résidu de $100 + 25 - 1 = 124$ est 5, en négligeant les multiples de 7 le n° du 1er mars 1793 est donné par le résidu de l'expression

$$17 \times 5 + \left[\frac{17}{4}\right] + 93 + \left[\frac{93}{4}\right] + 3.$$

Pour avoir le n° du 21 janvier 1793, il nous faut de plus (177) ajouter à cette expression le résidu 4 du tableau correspondant au 1er janvier et le résidu de $(21 - 1)$, c'est-à-dire qu'en définitive le n° cherché est égal au résidu de

$$\text{(II)} \quad 17 \times 5 + \left[\frac{17}{4}\right] + 93 + \left[\frac{93}{4}\right] + 4 + 21 + 2.$$

Le raisonnement est d'ailleurs indépendant de l'année considérée. Ainsi :

2ᵉ Règle. — *Pour trouver à quel jour de la semaine correspond une date quelconque du calendrier grégorien, on cherchera le résidu (reste de la division par 7) de l'expression obtenue en faisant la somme : 1° du quintuple de la partie séculaire du millésime de l'année considérée ; 2° du quotient entier par 4 de cette partie séculaire ; 3° de la partie annuelle ; 4° du quotient entier par 4 de cette partie annuelle ; 5° du résidu du 1ᵉʳ du mois donné relatif au 1ᵉʳ mars (tableau du n° 177) ; 6° du quantième donné ; et 7° de 2 unités. Le résidu ainsi obtenu ou numéro sera l'un des nombres* 0, 1, 2, ..., 6 *désignant respectivement le dimanche, le lundi, le mardi, ..., le samedi.*

Dans l'exemple choisi, le résidu final est 1. Le 21 janvier 1793 est donc tombé un lundi.

CALENDRIER PERPÉTUEL

180. Après ce que nous venons de voir, il nous sera facile d'établir un calendrier perpétuel, c'est-à-dire un tableau permettant de trouver sans calculs le jour de la semaine correspondant à une date donnée : il nous suffira de traduire graphiquement les règles précédentes.

181. Nous remarquerons à cet effet que *le résidu d'une somme est le même que le résidu de la somme des restes de la division par 7 de chacune des parties composant la somme.*

Supposons, en effet, qu'on ait à chercher le résidu de $272 + 54 + 36$. On a

$$272 = 38 \times 7 + 6 ; \quad 54 = 7 \times 7 + 5 ; \quad 36 = 5 \times 7 + 1.$$

La somme donnée est égale à

$$(38 + 7 + 5)7 + 6 + 5 + 1.$$

Le résidu de la première partie de cette expression étant évidemment nul, on voit que le résidu final est bien le même que celui de la seconde partie, c'est-à-dire de la somme des restes.

182. Cela posé, supposons maintenant calculé pour chacun des calendriers julien et grégorien le résidu correspondant : 1° à chaque partie séculaire; 2° à chaque partie annuelle; 3° à chaque quantième; 4° à chaque mois. En outre, dans le cas du calendrier grégorien, afin de n'avoir à considérer que 4 résidus, ajoutons au résidu séculaire les 2 unités qui figurent dans (II) (**179**) et ne se trouvent pas dans (I) (**178**). Pour obtenir le n° du jour correspondant à une date quelconque, il nous suffira donc, les tableaux des résidus une fois établis, d'ajouter les 4 résidus correspondant respectivement au siècle, à l'année, au quantième et au mois de la date considérée et de chercher le résidu de la somme obtenue qui sera le numéro cherché (**178, 179** et **181**).

Mais on peut se dispenser de tout calcul. En effet, l'addition des 4 résidus peut se partager en 2 additions de 2 résidus chacune. Or considérons le carré I de la figure 46, carré qu'on pourrait appeler table d'addition de résidus. Il contient 49 cases; sa 1ʳᵉ ligne (sens horizontal) et sa 1ʳᵉ colonne (sens vertical) renferment les 7 numéros 0, 1, 2, ..., 6 des jours de la semaine; une quelconque des cases de ce carré contient le résidu de la somme des éléments qui sont en tête de la ligne et de la colonne qui se croisent sur la case considérée;

on remarquera enfin que la diagonale BD ne contient qu'un seul résidu plusieurs fois répété et qu'il en est de même pour ses parallèles.

Supposons construits deux carrés analogues, l'un, **I**,

B — C

0	1	2	3	4	5	6
6	0	1	2	3	4	5
5	6	0	1	2	3	4
4	5	6	0	1	2	3
3	4	5	6	0	1	2
2	3	4	5	6	0	1
1	2	3	4	5	6	0

A — D

I

0	1	2	3	4	5	6
1	2	3	4	5	6	0
2	3	4	5	6	0	1
3	4	5	6	0	1	2
4	5	6	0	1	2	3
5	6	0	1	2	3	4
6	0	1	2	3	4	5

II

Fig. 46.

correspondant aux résidus du quantième et du mois, l'autre, II, aux résidus des parties séculaire et annuelle de la date considérée et soit, par exemple, à chercher le n° du jour correspondant aux résidus : 2 et 4 du quantième et du mois et 5 et 6 des parties séculaire et annuelle. Le carré I donne 6 comme résidu de 2 et 4; le carré II donne 4 comme résidu de 5 et 6. Il nous suffit donc de prolonger la ligne diagonale des 6 du carré I et la ligne diagonale des 4 du carré II et, à l'intersection de ces deux lignes, d'écrire le résidu de $6 + 4$, c'est-à-dire 3. C'est le n° du jour correspondant, qui est par suite un mercredi.

Telles sont les considérations qui nous ont conduit à la construction du calendrier perpétuel inédit de la page suivante. Nous nous sommes dispensé d'écrire les résidus dans les deux carrés symétriques, qui ne sont autre chose que les carrés I et II de la figure 46 transformés ; enfin dans le losange central, nous avons remplacé les n⁰ˢ par les initiales des jours de la semaine.

Usage du Calendrier perpétuel.

Cherchez la case qui se trouve à l'intersection de la colonne du quantième et de la ligne du mois de la date considérée ; suivez la ligne diagonale pointillée de cette case. Opérez de même pour la partie séculaire et la partie annuelle. La lettre qui se trouve à l'intersection des deux diagonales ainsi déterminées est l'initiale du jour cherché.

Exemples : 1° *Calendrier julien.* 4 Octobre 1582 ? 4 et Octob. donnent la 6ᶜ diagonale à partir du sommet supérieur droit du carré de gauche. 15 et 82, la 3ᵉ diagonale à partir du sommet inférieur droit du carré de droite. L'intersection de ces diagonales montre que le 4 octobre 1582 est tombé un jeudi.

2° *Calendrier grégorien.* 15 Février 1840 ? L'année est bissextile. 15 et FÉV. donnent la 7ᵉ diagonale à partir du sommet supérieur droit du carré de gauche ; 18 et 40, la 7ᵉ diagonale à partir du sommet supérieur gauche du carré de droite. L'intersection de ces deux diagonales montre que le 15 février 1840 est tombé un samedi.

CALENDRIER PERPÉTUEL

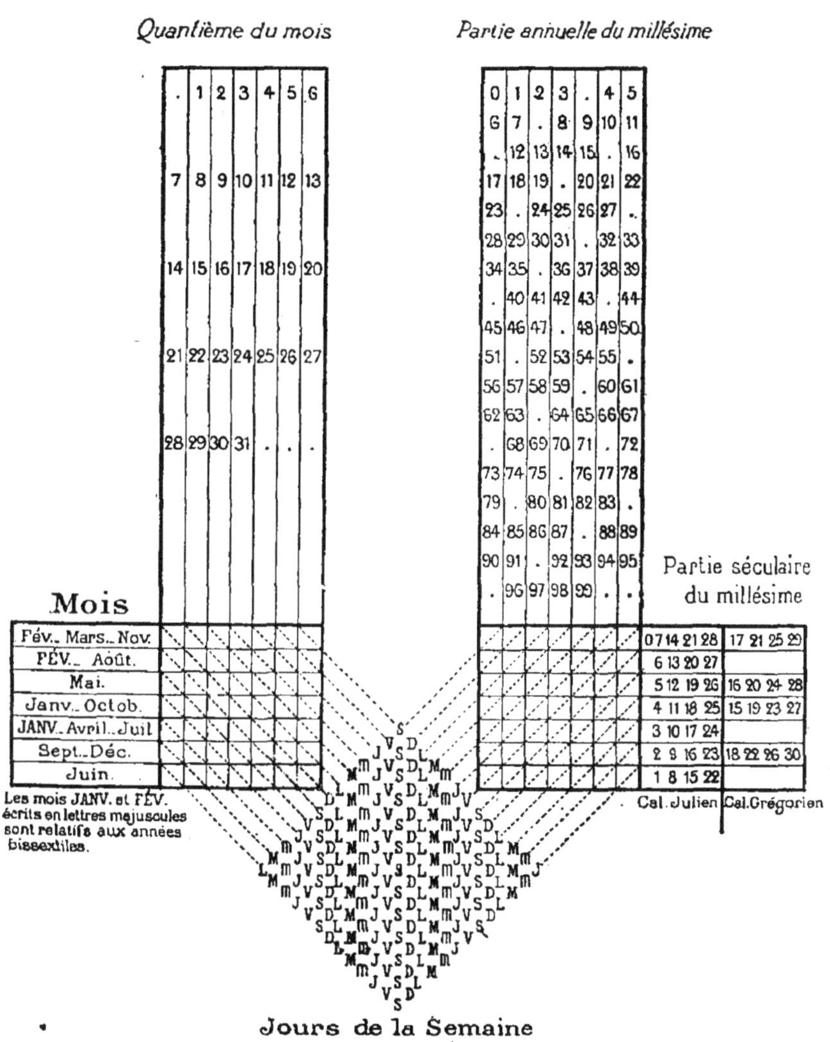

Jours de la Semaine
m représente le mercredi.

Fig. 47.

CHAPITRE X

LES NOMBRES PENSÉS

---

183. Au xvii° et au xviii° siècles, ce genre de récréations était fort à la mode. A cette époque, l'arithmétique était loin d'être connue et enseignée comme elle l'est aujourd'hui. Aussi ces questions provoquaient-elles une véritable admiration envers ceux qui les proposaient ou les résolvaient. Aujourd'hui même, bien que les principes de l'arithmétique soient très répandus, elles sont encore un sujet d'étonnement.

Il existe une grande variété de récréations de cette sorte ; mais nous ne donnerons que les plus intéressantes. Nous exposerons d'abord quelques problèmes sur les nombres abstraits, puis d'amusantes applications aux cartes et aux objets.

Règles pour deviner un nombre pensé.

184. Nous n'indiquerons pas, en général, les résultats des opérations successives exigées par les règles ci-après : nous ne ferons que justifier celles-ci.

Nous appellerons, pour simplifier, *petite moitié* d'un nombre impair la moitié du nombre pair immédiatement inférieur et *grande moitié* la moitié du nombre pair immédiatement supérieur. Ainsi, la petite moitié de 17 est 8, sa grande moitié est **9**.

185. I. — *Faites prendre la moitié du nombre pensé ou sa petite moitié, suivant le cas, puis ajouter* 1 *et multiplier le résultat par* 6 *; demandez le quotient par* 3 *du résultat obtenu. Ce quotient diminué de* 2, *ou de* 1 *si l'on a pris la petite moitié, est le nombre pensé.*

1° Le nombre pensé est pair, soit **22**; sa moitié, $\dfrac{22}{2}$; plus 1, $\dfrac{22}{2}+1$; le sextuple, $22\times 3+6$, le quotient par 3, $22+2$; diminué de 2, 22.

2° Le nombre pensé est impair, soit $23 = 22+1$; sa petite moitié, $\dfrac{22}{2}$; plus 1, $\dfrac{22}{2}+1$; le sextuple, $22\times 3+6$; quotient par 3, $22+2$; diminué de 1, $22+1=23$.

186. II. — *Faites tripler le nombre pensé ; ajouter* 1 *au résultat ; tripler le nombre obtenu et ajouter le nombre pensé. Demandez la somme trouvée ; retranchez-en* 3, *et le chiffre des dizaines du résultat est le nombre pensé.*

Supposons que le nombre pensé soit 23. Le triple plus 1 est $23\times 3+1$; le triple, $23\times 9+3$; plus le nombre pensé, $23\times 10+3 = 230+3$; moins 3, 230.

187. III. — *Faites élever au carré successivement le nombre pensé, puis le nombre entier suivant. Demandez la différence des deux carrés. La petite moitié du résultat est le nombre pensé.*

On a vu, en effet (97), que la différence des carrés de deux nombres entiers consécutifs était égale à deux fois le plus petit, plus 1 ; par suite, si de cette différence on retranche 1, le résultat obtenu sera le double du plus petit nombre.

188. IV. — Voici enfin une dernière règle qui présente au premier abord une certaine complication, mais qui vous permettra de trouver le nombre pensé sans rien demander, avec cette réserve cependant que dans la suite des opérations, on devra vous prévenir lorsque la moitié ne se prendra pas exactement.

1re Opération. — *Faites ajouter au nombre pensé sa moitié ou sa grande moitié, suivant le cas ; faites ajouter au résultat sa moitié ou sa grande moitié et, du total, faites retrancher le double du nombre pensé.*

2e Opération. — *Faites prendre la moitié de la différence obtenue ou sa petite moitié suivant le cas, puis la moitié ou la petite moitié du résultat, et ainsi de suite jusqu'à ce qu'on arrive à 1.*

On peut alors retrouver le nombre pensé par deux opérations successives.

3e Opération. — *Pour remonter à la différence finale de la 1re opération, comptez combien de fois et dans quel ordre on a pris dans la 2e opération la moitié exacte et la petite moitié. Doublez ensuite successivement à partir de 1, en ajoutant 1 au double chaque fois qu'on aura pris la petite moitié. On peut se servir pour cela d'un procédé commode : on compte sur ses doigts fermés combien de fois on a pris la moitié et on lève un doigt quand on prend une petite moitié.*

4ᵉ Opération. — *Cette différence obtenue, on aura le nombre pensé : ou en multipliant par 4 cette différence si l'on n'a pris que des moitiés exactes dans la 1ʳᵉ opération ; ou en retranchant 3 de ce quadruple si la grande moitié a été prise une seule fois en premier lieu, ou seulement 2 si elle a été prise une seule fois en second lieu ; ou enfin en retranchant 5 si la grande moitié a été prise 2 fois.*

Exemples. — Nous allons donner deux exemples pour l'application de cette règle.

(*a*) Le nombre pensé est 28. On a successivement :

1° $\dfrac{28}{2} = 14$; $28 + 14 = 42$; $\dfrac{42}{2} = 21$;

$42 + 21 = 63$; $63 - 56 = 7$.

2° La petite moitié de 7 est 3, celle de 3 est 1.

3° Ainsi on pris 2 fois la petite moitié. On aura donc $1 \times 2 + 1 = 3$; $3 \times 2 + 1 = 7$; 7 est la différence finale de la 1ʳᵉ opération.

4° Le nombre pensé sera $7 \times 4 = 28$.

(*b*) Le nombre pensé est 29. On a successivement :

1° La grande moitié de 29 est 15 ; $29 + 15 = 44$; $\dfrac{44}{2} = 22$; $44 + 22 = 66$; $66 - 58 = 8$.

2° $\dfrac{8}{2} = 4$; $\dfrac{4}{2} = 2$; $\dfrac{2}{2} = 1$.

3° On a pris 3 fois la moitié exacte ; on aura donc $1 \times 2 = 2$; $2 \times 2 = 4$; $4 \times 2 = 8$.

4° Comme on a pris 1 fois la grande moitié en premier lieu, le nombre pensé sera

$$8 \times 4 - 3 = 29.$$

Justification. — La 3ᵉ opération s'explique d'elle-même, car elle est simplement l'inverse de la 2e opération.

Pour justifier la 4e opération, nous considérerons 4 cas, suivant que le nombre pensé est mult. 4 ou mult. 4 plus 1, plus 2 ou plus 3. Le nombre pensé sera, par exemple, l'un des suivants : 28, 29, 30, 31.

(*a*) Le nombre pensé est $28 = 4 \times 7$. On a successivement, en appliquant la règle (1re opération),

$$(4 \times 7) + (2 \times 7) = 6 \times 7; \quad (6 \times 7) + (3 \times 7) = 9 \times 7;$$
$$9 \times 7 - 8 \times 7 = 7.$$

Ainsi, le quadruple de cette différence 7 donne bien le nombre $4 \times 7 = 28$.

(*b*) Le nombre pensé est $29 = 4 \times 7 + 1$, dont la grande moitié est $2 \times 7 + 1$. On a successivement :

$$(4 \times 7 + 1) + (2 \times 7 + 1) = 6 \times 7 + 2,$$

dont la moitié est $3 \times 7 + 1$;

$$(6 \times 7 + 2) + (3 \times 7 + 1) = 9 \times 7 + 3;$$
$$(9 \times 7 + 3) - (8 \times 7 + 2) = 7 + 1.$$
$$(7 + 1)4 = 4 \times 7 + 4.$$

En retranchant 3 de ce résultat, on a bien le nombre $4 \times 7 + 1 = 29$.

Les deux autres cas se justifient de la même manière.

Devinette.

189. *Dites à une personne de retrancher, d'un nombre de 3 chiffres, ce nombre renversé. Demandez le chiffre des unités de la différence ; vous pouvez alors dire quelle est cette différence.*

On suppose essentiellement que le chiffre des centaines

et le chiffre des unités du nombre choisi ne sont pas égaux ; il est d'ailleurs nécessaire que le premier soit plus grand que le second.

Considérons un nombre quelconque de 3 chiffres, 962, par exemple. En retranchant 269 de 962, on remarque que le chiffre des dizaines de la différence est toujours 9. Car pour effectuer la soustraction, on devra augmenter de 10 unités le nombre supérieur et de 1 le chiffre des dizaines du nombre inférieur ; or le chiffre des dizaines étant le même dans les deux nombres, il en résulte que le chiffre des dizaines de la différence sera toujours 9.

D'autre part (15, 2°),

$$962 = \text{mult. } 9 + 8, \qquad 269 = \text{mult. } 9 + 8 ;$$

la différence de ces deux nombres est donc un **multiple de 9**. Or le chiffre des dizaines de cette différence étant 9, la somme du chiffre des unités et du chiffre des centaines est par suite un multiple de 9. Ce multiple ne peut d'ailleurs être ni 0 ni 18, puisque nous supposons que dans le nombre choisi, le chiffre des unités et le chiffre des centaines ne sont pas égaux. Donc la somme en question est 9, et si on donne le chiffre des unités, en retranchant ce chiffre de 9 on a le chiffre cherché des centaines de la différence.

Si le nombre considéré se terminait par 1 ou 2 zéros, ce nombre renversé ne contiendrait qu'un ou deux chiffres, mais les conclusions précédentes subsisteraient entièrement.

Deviner plusieurs nombres pensés.

190. *Une personne a pensé un nombre de plusieurs*

chiffres et plusieurs nombres d'un seul chiffre. Faites doubler le 1ᵉʳ nombre et ajouter 1, multiplier le résultat par 5 et ajouter le 2ᵉ nombre ; puis doubler et ajouter 1, multiplier par 5 et ajouter le 3ᵉ nombre, etc... en faisant terminer les opérations au moment où le dernier nombre pensé est ajouté. Demandez le résultat obtenu en dernier lieu, retranchez-en un nombre composé d'autant de chiffres 5 qu'on a pensé de nombres d'un seul chiffre. Dans la différence, le chiffre des unités sera le dernier nombre pensé ; le chiffre des dizaines, l'avant-dernier, etc...

Supposons, en effet, qu'on ait pensé les nombres 234, 7, 8 et 3. On a successivement, d'après ce qui a été dit,

$$234 \times \quad 2 + 1,$$
$$234 \times \quad 10 + 7 + 5,$$
$$234 \times \quad 20 + 7 \times \quad 2 + 11,$$
$$234 \times \quad 100 + 7 \times \quad 10 + 8 + 55,$$
$$234 \times \quad 200 + 7 \times \quad 20 + 8 \times 2 + 111.$$
$$234 \times 1000 + 7 \times 100 + 8 \times 10 + 3 + 555.$$

Le résultat est donc

$$234\,783 + 555.$$

En retranchant 555 de cette expression, on trouve bien le nombre 234 783 qui donne les 4 nombres pensés.

La personne, en faisant les calculs directs, n'a pu découvrir l'explication, car elle a trouvé successivement les nombres 469, 2352, 4705, 23 533, 47 067, 235 338, 234 783.

Au fond, nous n'avons fait que multiplier les nombres pensés par des puissances de 10 : le chiffre 1 n'est ajouté à chaque opération que pour détourner l'attention et empêcher de découvrir l'artifice.

Le jeu de l'anneau.

191. *Vous convenez avec un groupe de 9 personnes au plus, qu'à votre insu chacune d'elles s'attribuera un n° d'ordre et que l'une d'elles prendra un anneau et le mettra à une phalange déterminée d'un de ses doigts. Une personne de la société notera le n° du doigt et celui de la phalange. Par exemple, le petit doigt de la main gauche aura le n° 1, celui de la main droite, le n° 10 et les doigts compris dans l'intervalle, les n°ˢ intermédiaires; la phalange de l'extrémité d'un doigt aura le n° 1, la suivante, le n° 2 et la dernière, le n° 3. Il s'agit pour vous de découvrir quelle personne porte l'anneau, à quel doigt et à quelle phalange.*

Pour cela, vous opérez comme dans la question précédente (190) en prenant en premier lieu le n° du doigt qui peut avoir 2 chiffres (puisqu'il y a 10 doigts) ; c'est pourquoi le groupe ne doit comprendre que 9 personnes, car nous avons vu que les autres nombres pensés ne devaient avoir qu'un chiffre. Après avoir fait effectuer les opérations indiquées, on devra retrancher 55 du résultat.

Si l'on trouve après cela, par exemple 1031, c'est que la personne ayant le n° 3 porte l'anneau à la 1ʳᵉ phalange du petit doigt de la main droite.

Cette question est traitée dans le *Triparty* de Nicolas Chuquet (63).

On peut encore appliquer le problème du n° 190 à un tour de cartes. *On distribue à 10 personnes, à raison d'une par personne, 10 cartes non figurées d'une même couleur d'un jeu complet de 52 cartes. Deviner la carte que chaque personne aura prise*

Pair ou impair.

192. *Une personne a 2 pièces dans une main et 5 dans l'autre. Deviner dans quelle main se trouvent les 2 pièces.*

La solution de cette question, telle que nous allons la donner, repose, il est vrai, sur un artifice rien moins que compliqué. Mais avec une personne non prévenue, cette récréation produit beaucoup d'effet, car on ne demande absolument rien pour arriver au résultat.

Dites à la personne de doubler le nombre des pièces de gauche, de tripler celui des pièces de droite et d'ajouter les résultats, ce qui donnera 19 ou 16 suivant que les 2 pièces sont dans la main gauche ou dans la main droite, comme on le voit ci-dessous.

1ʳᵉ Disposition.		2ᵉ Disposition.	
Gauche	Droite	Gauche	Droite
2	5	5	2
×2	×3	×2	×3
4	15	10	6
19		16	

Dites ensuite de retrancher 18 de la somme obtenue. Si la personne ne fait aucune observation, c'est que les 2 pièces sont dans la main gauche. Si, au contraire, elle fait observer qu'elle ne peut pas faire la soustraction, c'est que les 2 pièces sont dans la main droite.

Vous répondrez alors négligemment qu'il suffit de retrancher la moitié seulement, ou 9 ; et afin de ne pas laisser le temps de découvrir l'artifice, on continue à faire quelques opérations sur le résultat obtenu.

On peut aussi, au lieu de faire retrancher 18 (ou 17), faire diviser par 2 la somme obtenue en premier lieu, en prévenant auparavant que les divisions devront se faire exactement.

Les trois bijoux.

193. *Placez, sur une table, trois bijoux différents, par exemple un anneau, une épingle et une montre. Trois personnes de la société choisissent à votre insu chacune un de ces bijoux. Prenez ensuite 24 jetons, donnez-en 1 à la première personne, 2 à la 2ᵉ et 3 à la 3ᵉ et déposez les 18 jetons restants sur la table. Passez dans une pièce voisine et là dites à la personne qui a l'anneau de prendre autant de jetons qu'elle en a déjà ; à celle qui a l'épingle, d'en prendre le double de ce qu'elle a, et enfin à celle qui a la montre, d'en prendre le quadruple. Comment découvrir, d'après le nombre de jetons restants, le bijou choisi par chacune des personnes ?*

En représentant, pour abréger, les 3 personnes par I, II, III, et d'après Bachet de Méziriac (*), les 3 bijoux par les abréviations a (anneau), e (épingle), i (montre), on ne peut avoir que les 6 combinaisons ci-dessous:

	I	II	III		I	II	III		I	II	III
	a	e	i		a	i	e		e	a	i
1ʳᵉ Distribution	1	2	3		1	2	3		1	2	3
2ᵉ —	1	4	12		1	8	6		2	2	12
	2 + 6 + 15				2 + 10 + 9				3 + 4 + 15		
	23				21				22		
	Reste 1				Reste 3				Reste 2		

(*) Auteur des *Problèmes plaisants et délectables qui se font par les nombres*. (1ʳᵒ Edition, Lyon, 1613). Cet ouvrage est un modèle d'ingéniosité et de science.

	I	II	III		I	II	III		I	II	III
	e	i	a		i	a	e		i	e	a
1re Distribution	1	2	3		1	2	3		1	2	3
2e —	2	8	3		4	2	6		4	4	3
	3 + 10 + 6				5 + 4 + 9				5 + 6 + 6		
	19				18				17		
	Reste 5				Reste 6				Reste 7		

Ainsi tous les restes étant différents, on saura à quelle combinaison répond le nombre de jetons restants.

Voici d'ailleurs, d'après Bachet, une règle mnémonique permettant de retrouver rapidement ces résultats. La phrase ci-après :

Par fer	César	jadis	devint	si grand	prince
1	2	3	5	6	7

contient 6 groupes de mots ; chacun de ces groupes renferme 2 des voyelles a, e, i qui, comme nous l'avons vu, représentent respectivement l'anneau, l'épingle et la montre. Enfin, au dessous de chaque groupe se trouvent inscrits dans l'ordre naturel les restes 1, 2, 3, 5, 6, 7. Cette phrase nous indique immédiatement à quelle combinaison répond un reste de jetons déterminé. Ainsi, le nombre des jetons restants étant par exemple 6, l'ordre des voyelles du groupe *si grand* correspondant à 6 est *ia* ; on en déduit que la 1re personne a la montre, la seconde l'anneau et que la 3e a par suite le bijou restant, c'est-à-dire l'épingle.

Cette question était déjà traitée dans le *Triparty* de Nicolas Chuquet (63), antérieur d'un siècle et demi à l'ouvrage de Bachet.

L'heure du lever.

194. *Préparez 12 cartes blanches que vous numérote-*

rez de I *à* XII *; disposez-les en cercle dans l'ordre des numéros et retournez-les de façon qu'on ne puisse voir le nombre inscrit sur chacune* (*), *mais en ayant soin de remarquer la place occupée par la carte n° * I *(fig. 48) Dites à une personne de penser à quelle heure elle veut se lever le lendemain matin et de toucher une des cartes ; retenez le n° de la carte touchée, que vous connaissez, puisque vous savez où se trouve la carte n° * I, *et ajoutez-y* 12. *Dites alors à la personne de compter mentalement les cartes une à une dans le*

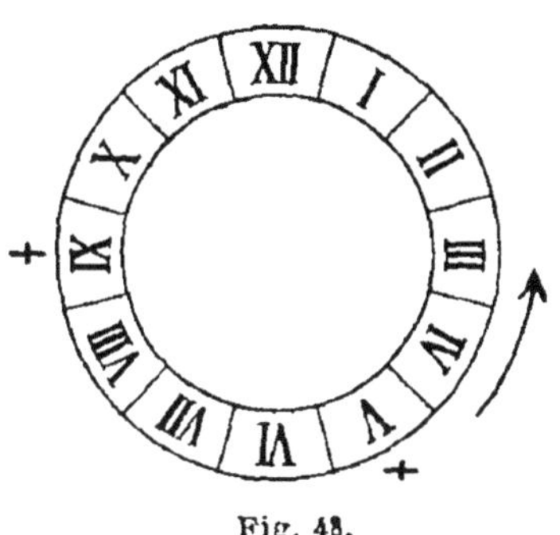

Fig. 48.

sens rétrograde (sens inverse de l'ordre naturel des nombres inscrits sur la carte) *jusqu'à la somme obtenue, depuis l'heure à laquelle elle compte se lever et à partir de la carte touchée. La carte sur laquelle elle tombera aura pour n° l'heure pensée.*

En effet, supposons que la personne ait pensé se lever à 9 heures et ait touché la carte V. Daprès ce que nous avons dit, elle doit compter les cartes une à une dans le sens de la flèche et à partir de la carte V, depuis 9 jusqu'à $12 + 5 = 17$. Or, si elle comptait, toujours à partir de la carte V, *mais depuis* 1, elle arriverait à la carte V en comptant 12, c'est-à-dire quand elle aurait fait un tour complet, et à la carte I lorsqu'elle compterait 17. Ainsi, en comptant depuis 1, la personne retombe sur la carte I. Mais en réalité, la personne a commencé

(*) Nous n'avons pas supposé, sur la *fig.* 48, les cartes retournées, de façon à rendre l'explication plus facile.

à compter depuis 9 ; c'est donc bien sur la carte IX qu'elle tombera lorsqu'elle comptera 17, car la carte I est la 9ᵉ dans le sens rétrograde à partir de la carte IX.

On peut se servir, au lieu de cartes blanches numérotées, de 12 cartes d'une même couleur d'un jeu de 52 cartes dont on aurait enlevé les rois, l'as comptant pour 1, ..., le neuf pour 9, le dix pour 10, le valet pour 11 et la dame pour 12.

Tour de cartes.

195. Prenez vingt cartes et disposez-les par groupes de 2. Dites à plusieurs personnes de retenir chacune un groupe de 2 cartes. Reprenez ensuite les cartes en plaçant, sans les déranger, les groupes les uns au-dessus des autres et disposez-les sur une table suivant la règle suivante. Supposez écrits les quatre mots ci-contre (*fig.* 49) comprenant

$$4 \times 5 = 20 \text{ lettres}$$

formant 10 groupes différents de 2 lettres identiques et placez une des cartes du 1ᵉʳ groupe de cartes au n° 1, l'autre au n° 13, ces deux nᵒˢ correspondant à la même lettre M ; puis les cartes du 2ᵉ groupe aux nᵒˢ 2 et 4 (lettre U) et ainsi de suite.

M	U	T	U	S
1	2	3	4	5
D	E	D	I	T
6	7	8	9	10
N	O	M	E	N
11	12	13	14	15
C	OE	C	I	S
16	17	18	19	20

Fig. 49.

Si une personne vous déclare alors que les 2 cartes qu'elle a pensées sont l'une au 2ᵉ et l'autre au 3ᵉ rang, on sera certain que ces cartes occupent les nᵒˢ 7 et 14, correspondant à la même lettre E. Si pour une autre personne, elles sont toutes les deux au 4° rang, ces cartes occuperont les n°ˢ 16 et 18 correspondant à la même lettre C.

Bien que l'explication de ce tour de cartes soit extrêmement simple, il frappe vivement les personnes qui n'en possèdent pas la clef.

Autre tour de cartes.

196. *On a 21 cartes qu'on distribue 3 par 3 en 3 paquets de 7 cartes chacun. On fait penser une carte ; on demande le paquet qui la contient et on le place au milieu du paquet total formé par les 3 paquets. On fait la même distribution une deuxième fois, on demande le paquet et on le place au milieu ; on fait une troisième distribution et on place le paquet contenant la carte pensée au milieu.*

La carte pensée est alors au milieu du paquet total, c'est-à-dire au 11ᵉ rang.

En effet, donnons à chaque carte du paquet total un n° d'ordre pris en suivant dans la suite des 21 premiers nombres ; après chaque distribution en 3 paquets, les cartes se placeront dans chaque paquet comme il est indiqué au tableau ci-contre (*fig.* 50). La 1ʳᵉ distribution étant faite et le paquet total formé, la carte pensée se trouve forcément dans le paquet II du milieu. Pour prouver que la règle énoncée est exacte, il nous suffit donc de faire voir qu'*une quelconque des*

I	II	III
1	2	3
4	5	6
7	8	9
10	11	12
13	14	15
16	17	18
19	20	21

Fig. 50.

cartes du paquet II peut être amenée, en opérant comme il est dit, par *deux distributions au plus*, à occuper le 4ᵉ rang dans un des 3 paquets ; car alors, en plaçant ce dernier paquet au milieu des 2 autres, la carte occupera le n° $7 + 4 = 11$ dans le paquet total. Remarquons enfin que lorsqu'une carte occupera le milieu du paquet total, c'est-à-dire le n° 11, elle conservera constamment ce n°, si l'on opère les distributions suivant la règle donnée.

Cela étant, nous pouvons toujours supposer supérieur à 4 le rang de la carte dans le paquet II, car s'il lui était égal, la carte aurait le n° 11 dans le paquet total et s'il lui était inférieur, la distribution commencée par la dernière carte du paquet total nous ferait retomber dans le cas que nous examinons.

Nous supposons donc que le rang de la carte pensée dans le paquet II est : 1° ou 5 ; 2° ou 6 ; 3° ou 7.

1° Après avoir réuni les 3 paquets, la carte a, dans le paquet total, le n° $5 + 7 = 12$ et se trouve par conséquent, après *une seule distribution*, au 4° rang du paquet III.

2° La carte a, dans le paquet total, le n° $6 + 7 = 13$ et occupe, après une nouvelle distribution, le 5ᵉ rang dans le paquet I ; en plaçant ce paquet entre les 2 autres, on retombe sur le 1ᵉʳ cas.

3° La carte a, dans le paquet total, le n° $7 + 7 = 14$ et occupe, après une nouvelle distribution, le 5ᵉ rang dans le paquet II ; on retombe encore sur le 1ᵉʳ cas.

Ainsi, la carte pensée étant supposée en premier lieu dans le paquet II, on l'amènera au 11ᵉ rang du paquet total, ou par une seule distribution (1°), ou par deux distributions (2° et 3°).

En définitive, *par 3 distributions au plus en totalité,* on amènera une carte pensée dans un quelconque des 3 paquets, à occuper la 11ᵉ place dans le paquet total.

Procédés nouveaux pour deviner un nombre pensé.

197. I. — *On divise deux cartons carrés en* 100 *cases égales par des horizontales et des verticales et on écrit dans chacune des cases un des* 100 *premiers nombres dans*

	1	2	3	4	5	6	7	8	9	10
0′	1	2	3	4	5	6	7	8	9	10
1′	11	12	13	14	15	16	17	18	19	20
2′	21	22	23	24	25	26	27	28	29	30
3′	31	32	33	34	35	36	37	38	39	40
4′	41	42	43	44	45	46	47	48	49	50
5′	51	52	53	54	55	56	57	58	59	60
6′	61	62	63	64	65	66	67	68	69	70
7′	71	72	73	74	75	76	77	78	79	80
8′	81	82	83	84	85	86	87	88	89	90
9′	91	92	93	94	95	96	97	98	99	100

Fig. 51.

leur ordre naturel (fig. 51*). On découpe ensuite le premier carré en* 10 *cartons rectangulaires dans le sens vertical et on écrit au dos de ces cartons, d'une façon aussi peu apparente que possible, les* nᵒˢ *successifs* 1, 2, 3, ..., 10. *On découpe de même le second carré en* 10 *cartons rectangulaires, mais cette fois dans le sens* *horizontal et on les numérote avec les nombres de 0 à 9 affectés d'un accent pour les distinguer des précédents.*

Cela fait, on retourne les cartons rectangulaires de façon à n'apercevoir que leurs n^{os}. On demande ensuite à une personne de penser un des 100 premiers nombres, d'enlever dans chaque carré le carton où se trouve écrit le nombre pensé et de mélanger ensuite les cartons restants sans changer leur face vue, c'est-à-dire de manière à laisser les n^{os} apparents. Comment retrouver le nombre pensé ?

On cherche les n^{os} des deux cartons manquants, ce qui est facile, puisqu'on a devant soi les 18 cartons restants. Le chiffre des dizaines du nombre pensé est alors donné par le n° accentué manquant (carton horizontal), et le chiffre des unités par le n° non accentué manquant (carton vertical).

L'examen de la figure 51 donne l'explication de cette règle. On voit que le chiffre des dizaines de chaque nombre du carré est donné par le n° accentué qui se trouve horizontalement à sa gauche, et le chiffre des unités par le n° non accentué qui est placé verticalement au-dessus de lui.

La personne ayant par exemple pensé le nombre 38, les cartons qu'elle enlèvera seront ceux portant respectivement les n°s 3′ et 8.

Malgré son extrême simplicité, cette récréation bien exécutée peut produire beaucoup d'effet.

198. II. — *On numérote à leur verso, de 0 à 4, cinq cartons rectangulaires, et au recto de chacun d'eux on écrit les cinq séries de nombres suivantes, la 1re série sur le carton n° 0, la 2e sur le n° 1, etc...*

7, 11, 19, 13, 21, 1, 15, 3, 5, 23, 27, 31, 9, 17, 29, 25 ;
22, 26, 15, 23, 27, 30, 31, 14, 19, 2, 3, 6, 10, 7, 11, 18 ;
14, 22, 28, 15, 12, 20, 7, 13, 21, 23, 29, 30, 31, 4, 5, 6 ;
29, 30, 31, 8, 9, 10, 12, 24, 11, 13, 25, 14, 26, 28, 15, 27 ;
25, 21, 19, 24, 20, 18, 17, 16, 31, 30, 29, 27, 23, 28, 26, 22.

On demande ensuite à une personne de penser un nombre inférieur à 32 et d'enlever ceux des cartons contenant le nombre pensé. Comment deviner ce nombre ?

Les nombres **ci**-dessus ont été formés en ajoutant les nombres **1, 2, 2^2, 2^3, 2^4** ou **1, 2, 4, 8, 16** un à un, deux à deux, trois à trois, quatre à quatre et cinq à cinq de toutes les **manières** possibles. On sait (**73, 1er Cas**) qu'on obtient ainsi tous les nombres de 1 à $2^5 - 1 = 31$. On a attribué ensuite au carton n° 0 la valeur 2^0 ou 1, au n° 1 la valeur 2^1 ou 2, au n° 2 la valeur 2^2 ou 4, au n° 3 la vateur 2^3 ou 8 et au n° 4 la valeur 2^4 ou 16, et chaque nombre obtenu par l'addition de plusieurs des valeurs 1, 2, ..., 16 a été inscrit sur chacun des cartons correspondant aux valeurs composantes.

Cela étant, on connaît, d'après les cartons restants, les nᵒˢ des cartons enlevés. En ajoutant celles des valeurs 1, 2, ..., 16 qui sont relatives aux cartons manquants, on a le nombre cherché.

Par exemple, les nᵒˢ des cartons restants étant 2 et 3, ceux des cartons enlevés sont 0, 1 et 4 et le nombre pensé est $2^0 + 2^1 + 2^4 = 1 + 2 + 16 = 19$.

CHAPITRE XI

PROBLÈMES ANCIENS

Les Grâces et les Muses

199. *Les trois Grâces portant des oranges, dont elles ont toutes un égal nombre, sont rencontrées par les neuf Muses qui leur en demandent. Les Grâces leur en donnent à chacune le même nombre ; après cela, chaque Muse et chaque Grâce se trouvent également partagées.*

Combien chaque Grâce avait-elle d'oranges avant le partage ?

Les 12 déesses se trouvant également partagées en dernier lieu, la somme totale des oranges est un multiple de 12, c'est-à-dire que chacune des 3 Grâces avait avant le partage un nombre d'oranges multiple de 4.

D'un autre côté, chaque Grâce ayant distribué aux 9 Muses un nombre égal d'oranges, le nombre total distribué par chaque Grâce est au moins 9. Le premier multiple de 4 supérieur à 9 est 12. Ce nombre 12 est une solution, car si chaque Grâce donne une orange à chacune des 9 Muses, il lui en reste 3 et chaque Muse se trouve aussi en avoir 3, puisqu'il y a trois Grâces.

De même, tous les multiples de 12 répondent à la question. Pour 24, 36, . . . oranges, chaque Grâce donne 2, 3, . . . oranges à chacune des Muses.

La figure 52 fait bien saisir ce partage. Représentons les 3 Grâces par des chiffres romains, les 9 Muses par des chiffres arabes et disposons ces chiffres sur une même ligne horizontale. Puis, sur une ligne verticale correspondant à chacun des n°⁵ I, II, III, rangeons 9 pions respectivement blancs, gris et noirs, représentant chacun une orange. La somme des pions est égale au nombre total d'oranges.

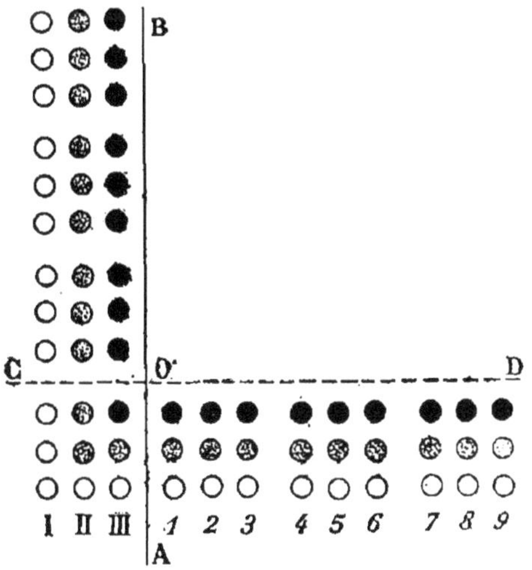

Fig. 52.

Faisons maintenant pivoter la partie COB de la figure autour du point O et appliquons-la sur la partie AOD, de façon que OB coïncide avec OD, et OA avec OC. On voit alors qu'il y a 3 pions de couleur différente en regard de chaque Muse, qu'ainsi chaque Muse a reçu une orange de chaque Grâce et enfin que les 12 déesses se trouvent également partagées.

Une réponse de Pythagore.

200. *Quelle heure est-il? demandait un quidam à Pythagore. « Il reste encore de la journée deux fois les deux tiers de ce qui est déjà écoulé », lui répondit le philosophe. (On suppose la journée de 24 heures.)*

Si l'on représente par l'unité le temps déjà écoulé, le reste de la journée sera représenté par $2 \times \dfrac{2}{3} = \dfrac{4}{3}$;

ou encore le temps écoulé étant représenté par 3, le reste le sera par 4. En supposant la journée de 7^h, le temps écoulé serait 3^h. Pour une journée de 24^h, ce temps ou l'heure cherchée sera par suite

$$24 \times \frac{3}{7} = 10^h\frac{2}{7} \qquad \text{ou} \qquad 10^h\ 17\ \text{minutes.}$$

Achille et la tortue.

201. *Pour devancer Achille, une faible tortue*
En efforts impuissants, vainement s'évertue :
Bien qu'elle ait comme avance dix pas de chemin,
Il va dix fois plus vite et son but est certain.
Voyons s'il peut la joindre en cette circonstance
Et cherchons en quel point il regagne l'avance.
Zénon le philosophe, qu'on nommait stoïcien,
N'était pas, sûrement, fin mathématicien.
Il pensait faussement que l'intrépide Achille
N'attraperait jamais la tortue malhabile.
Car pendant, disait-il, qu'Achille entreprenant
Ferait le premier pas, il paraissait constant
Que la faible tortue, en suivant son système,
Assurément d'un pas parcourrait le dixième.
Et lorsqu'à ce dixième on verrait le héros,
Notre adroite tortue, continuant à propos,
De ce dixième acquis, comptant sur elle-même,
En ferait le dixième, ou plutôt le centième.

(CHAVIGNAUD.)

Ainsi, d'après Zénon, Achille ayant fait 10 pas, la tortue a encore un pas d'avance; pendant qu'Achille fait ce pas, la tortue prend une avance de 1/10 de pas et ainsi de suite, la tortue gardant toujours une avance de 1/10 du chemin parcouru un instant auparavant par Achille.

On voit facilement la fausseté de ce raisonnement.

En effet, le chemin parcouru par la tortue est

$$10\,\text{pas} + 1\,\text{pas} + \frac{1}{10} + \frac{1}{100} + \frac{1}{1000} + \cdots = 11,111,\ldots \text{ pas,}$$

ou encore, en remarquant que $0,111\cdots = \frac{1}{9}$,

$$11 \text{ pas } \frac{1}{9}\cdots$$

Achille aura vite franchi ces 11 pas $\frac{1}{9}$ et dépassé ainsi la tortue.

L'épitaphe de Diophante (*).

202. *Passant, sous ce tombeau repose Diophante.*
   Ces quelques vers tracés par une main savante
   Vont te faire connaître à quel âge il est mort.
   Des jours assez nombreux que lui compta le sort,
   Le sixième marqua le temps de son enfance ;
   Le douzième fut pris par son adolescence.
   Des sept parts de sa vie, une encore s'écoula,
   Puis s'étant marié, sa femme lui donna
   Cinq ans après un fils qui, du destin sévère
   Reçut de jours hélas ! deux fois moins que son père.
   De quatre ans, dans les pleurs, celui-ci survécut.
   Dis, si tu sais compter, à quel âge il mourut.
               (H. Eutrope.)

(*) Diophante d'Alexandrie, mathématicien grec qui vivait au ɪᴠᵉ siècle avant Jésus-Christ, est regardé comme l'inventeur de l'Algèbre élémentaire.

Faisons la somme des fractions de l'énoncé

$$\frac{1}{6} + \frac{1}{12} + \frac{1}{7} + \frac{1}{2} = \frac{14 + 7 + 12 + 42}{84} = \frac{75}{84}.$$

Les 9/84 de l'âge de Diophante qui ne sont pas compris dans cette somme représentent donc les

$$5 + 4 = 9 \text{ années}$$

dont il est question dans l'énoncé. Il en résulte que Diophante est mort à 84 ans.

L'âne et le mulet.

203. *Un âne et un mulet chargés de sacs également pesants cheminent de compagnie. L'âne se plaignant de sa charge, le mulet impatienté lui dit : « Animal paresseux, de quoi te plains-tu ? Si je prenais un de tes sacs, je serais chargé deux fois autant que toi, et si tu prenais un des miens, je serais encore aussi chargé que toi. » Combien portent-ils de sacs chacun ?*

Si l'âne prenait un sac au mulet, celui-ci verrait sa charge diminuée de 1 sac ; comme les deux charges seraient alors égales, il en résulte que le mulet portait auparavant 2 sacs de plus que l'âne.

Si le mulet prenait un sac à l'âne, il porterait 4 sacs de plus que ce dernier. Le mulet ayant à ce moment une charge double de celle de l'âne, on en déduit que l'âne porterait alors 4 sacs et le mulet 8 sacs.

Le mulet porte donc 7 sacs et l'âne 5.

L'historien Josèphe.

204. *Vaincu par l'empereur Vespasien en l'an 67, l'historien Josèphe se réfugia dans une caverne avec*

40 Juifs bien décidés à se tuer plutôt que de se rendre. Ils se placèrent en cercle, se comptèrent 3 par 3 et tuèrent chaque fois le troisième.

Quelle place dut choisir Josèphe pour échapper au massacre ?

Il suffit d'écrire bout à bout sur une circonférence les 41 premiers nombres, puis de les marquer de 3 en 3, en ne comptant pas dans le deuxième tour ni dans les suivants, les nombres déjà marqués.

Afin de permettre de suivre plus facilement sur la figure 53 les nombres successivement rencontrés, nous avons attribué à chaque tour effectué sur la circonférence un signe particulier. Nous avons pris à cet effet, l'un après l'autre et dans l'ordre suivant, les signes —, =, +, ., o, :, ✕.

En commençant à compter sur le nombre 1, on voit

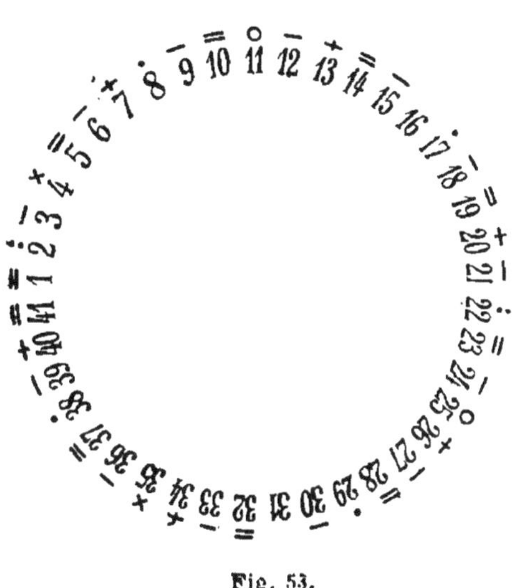

Fig. 53.

que Josèphe put choisir la 16ᵉ ou la 31ᵉ place et rester ainsi avec un seul homme qui devait se laisser tuer à son tour, mais qui préféra se rendre à l'ennemi

Le problème suivant est du même genre.

Chrétiens et Turcs.

205. *15 Chrétiens et 15 Turcs se trouvent en mer sur un même navire. Une tempête terrible s'élève. Le pilote*

déclare qu'il est nécessaire de jeter à la mer la moitié des personnes pour sauver le reste. On décide de s'en remettre au sort et pour cela, de se ranger en cercle, de se compter 9 par 9 et de jeter à chaque fois le neuvième par dessus bord, jusqu'à ce qu'il ne reste plus que 15 personnes.

Comment s'y prendre pour que le sort tombe sur les 15 Turcs ?

Voici l'ordre dans lequel doit se faire le rangement :
4 Chrétiens — 5 Turcs — 2 Chrétiens — 1 Turc — 3 Chrétiens — 1 Turc — 1 Chrétien — 2 Turcs — 2 Chrétiens — 3 Turcs — 1 Chrétien — 2 Turcs — 2 Chrétiens — 1 Turc.

Nous avons représenté sur la figure 54 un Turc par

Fig. 54.

un simple trait et un Chrétien par le même signe, mais plus fort. Enfin, comme dans le problème précédent, nous avons employé successivement pour désigner les personnes rencontrées à chaque tour sur la circonférence, les signes

—, =, +, ., o, :

Bachet donne la règle mnémonique suivante pour retrouver rapidement la solution de ce problème : Dans les deux vers

> Mort tu ne falliras (*) pas
> En me livrant au trépas,

(*) Vieux mot pour *failliras*.

les voyelles a, e, i, o, u représentent respectivement
1, 2, 3, 4 ou 5 personnes. Sachant seulement qu'on
doit commencer à placer les Chrétiens, les voyelles de
cette phrase donneront l'ordre et le nombre des Turcs et
des Chrétiens qui doivent se succéder alternativement.

Cette question avait été traitée antérieurement dans
le *Triparty* (63).

Il est facile de trouver des questions analogues. En
supposant rangés les objets considérés, on les compte
suivant la loi adoptée. En remarquant alors les objets
restants, on en déduit la règle.

Partage d'écus.

206. *Trois hommes ont trouvé une bourse contenant
un certain nombre d'écus, dont chacun prend sans
compter. Puis ils se mettent à jouer aux dés en conve-
nant que le perdant devra donner aux deux autres
autant d'écus qu'ils en ont chacun. Ils jouent trois parties et perdant chacun une fois, ils se trouvent avoir
autant d'écus l'un que l'autre, c'est-à-dire 8 écus. Combien chacun d'eux avait-il pris d'écus dans la bourse ?* (*)

(NICOLAS CHUQUET.)

A la 3ᵉ partie, le 3ᵉ joueur perdant ayant donné au
1ᵉʳ et au 2ᵉ autant d'écus qu'ils en avaient chacun,
c'est que le 1ᵉʳ et le 2ᵉ avaient auparavant $\dfrac{8}{2} = 4$ écus
et le 3ᵉ, $8 + 4 \times 2 = 16$ écus.

(*) Nous avons complété les données de l'énoncé du *Triparty* de
manière à rendre la résolution arithmétique du problème plus aisée.

De même, avant la 2ᵉ partie, le 1ᵉʳ avait $\dfrac{4}{2} = 2$ écus

et le 3ᵉ $\dfrac{16}{2} = 8$ écus ; le 2ᵉ avait par suite

$4 + 2 + 8 = 14$ écus.

Avant la 1ʳᵉ partie, le 2ᵉ avait donc $\dfrac{14}{2} = 7$ écus,

le 3ᵉ $\dfrac{8}{2} = 4$ et enfin le 1ᵉʳ $2 + 7 + 4 = 13$.

Ainsi, le 1ᵉʳ avait pris 13 écus, le 2ᵉ, 7, et le 3ᵉ, 4.

Les grains de blé de Sessa.

207. *Un auteur arabe, Al Sephadi, rapporte que le roi des Perses ayant demandé à Sessa, l'inventeur du jeu des échecs, quelle récompense il souhaitait, Sessa répondit qu'il désirait un grain de blé pour la 1ʳᵉ case de l'échiquier, 2 pour la 2ᵉ, 4 pour la 3ᵉ et ainsi de suite, en doublant toujours jusqu'à la 64ᵉ case. Le roi, paraît-il, sourit à cette demande et grand fut son étonnement quand il apprit qu'elle ne pouvait être satisfaite.*

En effet, il nous faut chercher la somme des termes d'une progression géométrique de raison 2, ayant 1 pour premier terme et pour dernier terme 2^{63}. Nous savons (69) que cette somme est

$$2^{64} - 1 = 18\,446\,744\,073\,709\,551\,615$$

grains de blé ou, en supposant comme maximum qu'un mètre cube contient 20 millions de grains de blé

$$922\,337\,203\,685 \text{ mètres cubes de blé,}$$

c'est-à-dire environ 8 fois plus que la terre ne pourrait en produire en un an, si elle était tout entière ensemencée en blé.

Curieux partages.

208. I. — *Un Arabe en mourant avait laissé 17 chameaux à ses 3 fils. Le premier devait en avoir la moitié ; le second, le tiers ; et le troisième, le neuvième. Comment put-on effectuer le partage ?*

Le partage paraissait difficile, car la part de chacun était représentée par les trois nombres fractionnaires $\dfrac{17}{2}$, $\dfrac{17}{3}$, $\dfrac{17}{9}$.

Le cadi, auquel on soumit la difficulté, fit emprunter un chameau et effectua le partage sur les 18 chameaux : le premier fils reçut ainsi 9 chameaux, le deuxième 6 et le troisième 2, soit en tout 17 chameaux, et on rendit le chameau emprunté à son propriétaire. Chacun des héritiers eut ainsi la satisfaction de recevoir plus que son père ne leur avait attribué.

Le premier reçut $\quad 9 - \dfrac{17}{2} = \dfrac{1}{2}$ chameau en plus.

Le deuxième — $\quad 6 - \dfrac{17}{3} = \dfrac{1}{3} \quad$ — —

Le troisième — $\quad 2 - \dfrac{17}{9} = \dfrac{1}{9} \quad$ — —

Ce curieux résultat, qui paraît paradoxal au premier abord, s'explique si l'on remarque que la somme des fractions $\dfrac{1}{2}$, $\dfrac{1}{3}$ et $\dfrac{1}{9}$ est $\dfrac{17}{18}$ et non l'unité, et que par suite, en suivant à la lettre les instructions du père et en supposant qu'on ait pu faire exactement le partage, il serait resté une partie de la succession, c'est-à-dire $\dfrac{1}{18}$ de cette succession sans possesseur.

209. II. — *Deux Arabes, l'un portant 5 pains, l'autre 3 pains, rencontrent dans la campagne un voyageur riche et affamé. Ils déjeunent ensemble, puis le voyageur, pour prix de son repas, leur donne 8 pièces d'or.*
Comment faire le partage?

Il y a discussion. Le premier Arabe, celui qui possédait 5 pains, estime qu'il lui revient 5 pièces, les 3 autres restant à son camarade. Celui-ci réplique que 4 pièces doivent lui revenir et qu'il rembourserait au premier le prix d'un pain.

Le cadi, consulté, tranche ainsi le différend : « Vous avez tort l'un et l'autre. On peut admettre que vous avez partagé chacun de vos pains en 3 parts égales, ce qui fait en tout 24 parts, dont vous avez mangé chacun 8. Celui qui avait 5 pains ou 15 parts a cédé $15 - 8 = 7$ de ses parts au voyageur ; celui qui avait 3 pains ou 9 parts lui a cédé seulement $9 - 8 = 1$ part. Il revient donc 7 pièces d'or à celui d'entre vous qui possédait 5 pains et 1 pièce seulement à l'autre. »

210. III. — *Un vigneron laisse en mourant à ses trois enfants 21 tonneaux de même capacité dont 7 pleins de vin, 7 demi-pleins et 7 vides. Ne possédant aucune mesure, comment devront-ils s'y prendre pour que chacun d'eux ait la même quantité de liquide et le même nombre de tonneaux?*

La quantité de liquide contenue dans 7 tonneaux pleins et 7 demi-pleins est équivalente à celle que contiendraient 21 tonneaux demi-pleins. La part de chacun est donc de 7 tonneaux demi-pleins. Or 7 tonneaux demi-pleins sont eux-mêmes équivalents à

3 pleins et 1 demi-plein

ou à 2 — et 3 demi-pleins

ou à 1 plein et 5 —

Il suffit d'examiner quelles sont les combinaisons possibles de ces 3 répartitions, de manière que chacun des enfants ait le même nombre de tonneaux, pleins ou vides. En remarquant enfin que les deux premières parts étant trouvées, la troisième s'en déduit par soustraction et en désignant la part de chaque enfant par I, II, III, on a les deux solutions suivantes :

	Tonneaux.	Pleins.	Demi-pleins.	Vides.
	I	3	1	3
1re Solution	II	2	3	2
	III	2	3	2
	I	3	1	3
2e Solution	II	1	5	1
	III	3	1	3

On verrait de même qu'on peut partager 24 tonneaux dont 8 pleins, 8 demi-pleins et 8 vides de 4 manières, 27 tonneaux de 3 manières, etc.

Les trois maris jaloux.

211. *Trois maris jaloux, chacun au point de ne pouvoir souffrir que sa femme reste sans lui en compagnie des deux autres, se trouvent avec leurs femmes sur le bord d'une rivière qu'ils veulent traverser. Ils ont un petit bateau, sans batelier et ne pouvant contenir que deux personnes à la fois.*

Comment effectuer le passage ?

Ce problème, fort ancien, est résolu dans le *Triparty*

de Nicolas Chuquet (63) et les *Problèmes plaisants* de Bachet (193) ; c'est la généralisation du problème **bien** connu du loup, de la chèvre et du chou.

Nous désignerons, pour simplifier, les maris par les chiffres arabes 1, 2 3 ; leurs femmes, par les chiffres romains I, II, III et les bords de la rivière **par deux** lignes droites.

1° Deux femmes passent d'abord

1,2,3, III Rive de départ

─────────────────

─────────────────

I, II Rive d'arrivée

2° Une d'elles revient et passe la troisième

1,2,3

─────────────────

─────────────────

I, II, III

3° Une d'elles revient et reste avec son mari ; les deux autres maris passent

3, III

─────────────────

─────────────────

1,2, I, II

4° Une femme revient avec son mari et débarque

2,3, II, III

─────────────────

─────────────────

1, I

5° Les deux hommes passent

II, III

─────────────────

─────────────────

1,2,3, I

6° La seule femme qui se trouve sur le bord opposé avec les trois hommes va chercher successivement les deux autres femmes ou bien, après en avoir amené une, elle cède la barque au mari de la dernière qui reste pour l'aller chercher

---

1,2,3, I, II, III

On pourra représenter les divers passages, sans erreur possible, au moyen de deux règles figurant les bords de la rivière, de trois rois et des 3 dames corres-pondantes d'un jeu de cartes.

Bachet traite aussi le cas de quatre maris et de quatre femmes. Ed. Lucas a d'ailleurs depuis généralisé la question.

Le domestique infidèle.

212. *Un bon bourgeois fit faire dans sa cave un casier de 9 cases disposées en carré; la case du milieu étant destinée à recevoir les bouteilles provenant de la consommation de 60 bouteilles pleines qu'il disposa dans les 8 autres cases, en mettant 6 bouteilles dans chaque case des angles et 9 dans chacune des autres cases.*

Son domestique enleva d'abord 4 bouteilles qu'il vendit et disposa les bouteilles restantes de manière qu'il y en eût toujours 21 sur chaque côté du carré. Le maître, trompé par cette disposition, pensa que son domestique n'avait fait qu'une transposition de bouteilles et qu'il y en avait toujours le même nombre. Le domestique profita de la simplicité de son maître pour enlever de nouveau 4 bouteilles, et ainsi de suite, jusqu'à ce qu'il ne fût plus possible d'en enlever 4 sans que le nombre 21 cessât de se trouver sur chaque côté du carré.

On demande comment le domestique s'y prit à chaque fois et de combien de bouteilles il fit tort à son maître.

(BACHET DE MÉZIRIAC.)

Les tableaux ci-dessous (*fig.* 55) indiquent comment le domestique s'y prit pour dissimuler son larcin :

6	9	6
9		9
6	9	6

I

7	7	7
7		7
7	7	7

II

8	5	8
5		5
8	5	8

III

9	3	9
3		3
9	3	9

IV

10	1	10
1		1
10	1	10

V

Fig. 55

On voit que le nombre total de bouteilles, 60 (tableau I), s'abaisse successivement à 56 (II), 52 (III), 48 (IV) et enfin 44 (V), soit en définitive un déficit de 16 bouteilles, et cependant sur chaque côté du carré, le nombre des bouteilles est constamment 21. Chaque fois, le domestique enlevait 2 bouteilles à chacune des 4 cases médianes ; sur les 8 bouteilles ainsi déplacées, il en gardait 4 et répartissait les 4 autres dans les 4 cases des angles, à raison de 1 par case.

L'erreur du maître provenait donc de ce que les bouteilles placées dans les cases des angles étaient comptées deux fois, une fois sur chaque côté du carré.

Depuis Bachet, cette question a souvent été modifiée soit dans sa forme, soit dans ses données.

Le nombre de cheveux.

213. *Prouver qu'il existe en France au moins deux personnes qui ont le même nombre de cheveux.*

Admettons qu'une personne puisse avoir au plus 100 000 cheveux et au moins 1. On ne pourra trouver que 100 000 personnes au plus qui aient un nombre différent de cheveux, c'est-à-dire qui aient respectivement un nombre de cheveux marqué par les nombres entiers successifs de 1 à 100 000. Or, la France compte 38 millions d'habitants. Il existera donc au moins deux personnes ayant le même nombre de cheveux.

Cette question fut posée et expliquée par Nicole, un des auteurs de la Logique de Port-Royal, à la duchesse de Longueville. Il paraît d'ailleurs que la célèbre duchesse n'y comprit rien. On vient de voir que le raisonnement est cependant simple.

Le bœufs de Newton.

214. *3 bœufs ont mangé en 2 semaines l'herbe contenue dans 2 arpents de pré, plus l'herbe qui y a poussé pendant ces 2 semaines.*

2 bœufs ont mangé en 4 semaines l'herbe contenue dans 2 arpents, plus l'herbe qui y a poussé pendant ces 4 semaines.

Combien faudrait-il de bœufs pour manger en 6 semaines l'herbe contenue dans 6 arpents, plus l'herbe qui y pousserait pendant ces 6 semaines ?

On suppose que l'herbe croît uniformément et que les bœufs mangent également.

Dans son *Arithmétique universelle*, Newton a énoncé et résolu ce problème original. Nous ne donnerons pas ici la solution de l'illustre mathématicien qui ne nous paraît pas satisfaisante. Nous avons d'ailleurs modifié les données du problème, afin de rendre l'explication de la solution un peu plus simple, mais nous en avons conservé le fond.

Appelons, pour simplifier, *unité de croissance*, l'herbe qui croît en une semaine dans un arpent. L'énoncé du problème devient

<pre>
(1)   3 bœufs en 2 sem. ⎫ mangent ⎧ 2 arp^{ts} plus 4 ⎫ Unités
(2).   2 bœufs en 4 —   ⎬ l'herbe ⎨ 2   —   — 8   ⎬ de
Combien de bœufs en 6 —   ⎭   de   ⎩ 6   —   —36   ⎭ croissance
</pre>

D'après la donnée (1),

(3)   3 bœufs en 4 semaines mangent l'herbe de 4 arpents, plus 8 unités de croissance.

La relation (3) rapprochée de la donnée (2) montre que

(4)   1 b. en 4 sem. mange l'herbe de 2 arpents, d'où

(5)   2 — 4   —   4 —

La relation (5) rapprochée de (2) fait voir que la quantité d'herbe de 2 arpents est égale à 8 unités de croissance, ou que l'herbe de 1 arpent vaut 4 unités de croissance. Le problème revient donc à chercher combien il faudra de bœufs pour manger en 6 semaines l'herbe de $6 + \dfrac{36}{4} = 15$ arpents. Or (4) nous apprend que

1 bœuf en 1 sem. mange l'herbe de 1/2 arpent ; donc

1 — 6 — 3 arpents.

Il faudra donc $\dfrac{15}{3} = 5$ bœufs.

Les mesures difficiles.

215. *Une personne a une bouteille de 12 pintes pleine de vin ; elle veut en donner 6 pintes au frère quêteur ; celui-ci n'a pour les mesurer que deux autres bouteilles, l'une de 7 pintes, l'autre de 5. Comment doit-il s'y prendre pour avoir les 6 pintes dans la bouteille de 7 ?*

Représentons les 3 vases de 12, 7 et 5 pintes respectivement par les 3 numéros d'ordre I, II, III. Voici comment on peut s'y prendre :

	12	7	5
Contenance	I	II	III
Au début, le vin contenu est ...	12	0	0
Remplir III........................	7	0	5
Verser III dans II................	7	5	0
Remplir III avec I	2	5	5
Remplir II avec III...............	2	7	3
Verser II dans I	9	0	3
Verser III dans II...............	9	3	0
Remplir III avec I	4	3	5
Remplir II avec III...............	4	7	1
Verser II dans I.................	11	0	1
Verser III dans II..............	11	1	0
Remplir III avec I	6	1	5
Remplir II avec III..............	6	6	0

On a bien ainsi 6 pintes dans le vase de 7

216. On peut proposer aussi, *étant donnés 3 vases de 8, 5 et 3 unités quelconques de capacité, celui de 8 étant plein de liquide, de mettre à part 4 unités de liquide dans un des 3 vases.*

Voici deux solutions, que nous indiquerons sans explications.

	1re Solution.				2e Solution.		
Contenance	8	5	3	Contenance	8	5	3
	I	II	III		I	II	III
	8	0	0		8	0	0
	3	5	0		5	0	3
	3	2	3		5	3	0
	6	2	0		2	3	3
	6	0	2		2	5	1
	1	5	2		7	0	1
	1	4	3		7	1	0
					4	1	3

On obtient donc ainsi les 4 mesures soit dans le vase de 5, soit dans celui de 8.

CHAPITRE XII

PROBLÈMES CURIEUX OU AMUSANTS

Simples questions.

217. I. — *Heureux celui qui sait se contenter de peu.*
Maxime toujours vraie et pleine de sagesse.
C'était aussi l'avis, d'après son propre aveu,
D'un marchand né malin, mais pourtant sans richesse.
Tout en vendant, de ville en ville il se rendait,
Sa roulotte servant de boutique et de chambre.
« J'ai peu d'ambition, bien souvent il disait,
« Du premier jour d'avril au dernier de septembre,
« Je me fais net quinze cents francs de bénéfice,
« En honnête vendeur, sans aucun artifice.
« Mais enfermé, les autres mois, dans ma voiture,
« Je ne puis rien gagner, même ma nourriture,
« Et distrais mille francs sur la somme amassée.
« Dix mille me suffiraient pour l'achat d'un jardin,
« Avec une maison, au lieu où ma pensée
« Se reporte souvent, dans le village enfin
« Où je reçus le jour. C'est là mon seul désir.
« L'heure approche d'ailleurs où j'y pourrai partir,
« Réaliser mon rêve en vivant simplement.

> *Sachant, ami lecteur, que ce brave marchand*
> *Dans son commerce, sans avance, débuta*
> *Juste au premier avril de l'année où Plewna*
> *Aux Russes se rendit, quel jour estimez-vous*
> *Qu'il put aller enfin, en paix, planter ses choux ?*

On est naturellement porté à faire le raisonnement suivant : Le marchand économisant chaque année $1500 - 1000 = 500^{fr}$, il lui faudra $\dfrac{10\,000}{500} = 20$ ans pour économiser 10 000 francs. La reddition de Plewna ayant eu lieu en 1877, ce serait donc en 1897 qu'il aurait pu cesser son commerce.

Mais en approfondissant davantage la question, on remarque que le 1er avril 1894, c'est-à-dire 17 ans après son début dans le commerce, le marchand a économisé $17 \times 500 = 8500^{fr}$; comme, la même année, il a gagné 1500^{fr} jusqu'au 30 septembre, il a donc pu se retirer le 1er octobre 1894.

Le problème suivant est du même genre.

218. II. *Une montre, par suite des changements de température, avance dans le jour d'une demi-minute, mais retarde la nuit d'un tiers de minute. En supposant qu'elle donne l'heure exacte le 1er mai, au jour, à quel moment aura-t-elle une avance de 5 minutes ?*

Par journée de 24 heures, la montre avance de $\dfrac{1}{2} - \dfrac{1}{3} = \dfrac{1}{6}$ de minute.

Il semble donc tout d'abord que le temps nécessaire pour que la montre prenne une avance de 5 minutes doive être de $5 : \dfrac{1}{6} = 30$ jours et que la date cherchée soit le 31 mai au jour.

Mais en remarquant que le 28 mai au jour, la montre a une avance de $27 \times \dfrac{1}{6} = \dfrac{9}{2}$ minutes, on voit que le même jour à la nuit, elle avancera de $\dfrac{9}{2} + \dfrac{1}{2} = 5$ minutes.

Les semaines de l'ouvrier.

219. *Quand un ouvrier ne chôme pas le lundi, il économise 5ᶠʳ par semaine ; mais quand il ne travaille pas ce jour-là, il se met en retard de 3ᶠʳ. Au bout de 12 semaines, il a épargné 36ᶠʳ. Pendant combien de semaines a-t-il chômé le lundi ?*

Lorsque l'ouvrier chôme le lundi, il manque non seulement d'épargner 5ᶠʳ, mais il se met en retard de 3ᶠʳ, c'est-à-dire qu'il manque d'économiser 8ᶠʳ. Or pendant 12 semaines, il a manqué d'économiser

$$5 \times 12 - 36 = 24^{\text{fr}}.$$

Il a donc chômé le lundi pendant $\dfrac{24}{8} = 3$ semaines.

Le cheval du maquignon.

220. *Un maquignon consent à vendre son cheval*
Suivant un marché fait qui semble original.
Il ne veut qu'un centime, en suivant son système,
De son premier clou, puis le double, du deuxième,
Enfin toujours doublant jusqu'au vingt-quatrième.
Pour être possesseur de ce coursier mignon
Quel prix doit-on donner à l'adroit maquignon ?

(CHAVIGNAUD.)

Le problème revient à trouver la somme des termes

de la progression géométrique

$$\div 1 : 2 : 2^2 : \ldots : 2^{23},$$

de raison 2 et contenant 24 termes. On sait **(69)** que cette somme est égale à

$$2^{24} - 1 = 16\,777\,215 \text{ centimes, soit } 167\,772^{\text{fr}},15.$$

L'auteur du problème conclut plaisamment :

Et le total acquis fait voir en terminant
Que le prix du cheval serait exorbitant.

Les outils de l'ouvrier.

221. *Un entrepreneur engage un ouvrier moyennant un salaire annuel de* 1500^{fr} *et la fourniture des outils. Il renvoie l'ouvrier au bout de 8 mois en lui donnant* 880^{fr} *et en lui laissant ses outils. En admettant qu'au bout de deux ans les outils aient perdu les 3/4 de leur valeur primitive et que leur dépréciation soit proportionnelle au temps, on demande cette valeur primitive.*

Au bout de 8 mois, l'ouvrier a droit en espèces à

$$1500 \times \frac{8}{2} = 1000^{\text{fr}}.$$

Comme on ne lui donne que 880^{fr}, la valeur réelle des outils au moment de son renvoi est

$$1000 - 880 = 120^{\text{fr}}.$$

Or, au bout de deux ans, les outils ayant perdu les 3/4 de leur valeur primitive, au bout de 8 mois, ils ont perdu seulement $\dfrac{3}{4} \times \dfrac{8}{24} = \dfrac{1}{4}$ de cette valeur, c'est-à-dire qu'ils n'en valent plus que les 3/4.

Ainsi les $\dfrac{3}{4}$ de la somme cherchée valent 120^{fr}.

Il en résulte que cette somme est $120 \times \dfrac{4}{3} = 160^{fr}$.

La tournée du facteur.

222. *Combien un facteur rural a-t-il fait de kilomètres à l'heure dans une longue tournée, sachant qu'ayant parcouru 24 kilomètres, s'étant reposé une heure et ayant fait ensuite 15 kilomètres, en marchant deux fois moins vite, sa tournée a duré 14 heures et demie ?*

Le facteur a marché pendant $14^h 1/2 - 1 = 13^h 1/2 = 27$ demi-heures. En supposant qu'il ait toujours marché avec la première vitesse, il aurait fait pendant ce temps

$$24 + 15 \times 2 = 54^{km}.$$

Il aurait alors fait en une demi-heure $\dfrac{54}{27} = 2^{km}$, et en 1 heure, 4^{km}.

Sa vitesse primitive était donc de 4^{km} à l'heure.

Compensation.

223. *Un propriétaire paie pour une maison, en contributions, le $\dfrac{1}{11}$ du revenu brut de cette maison. Les contributions étant portées au $\dfrac{1}{10}$ du revenu brut, de combien le propriétaire devra-t-il augmenter le prix total de location, pour que le revenu net soit toujours le même ?*

Le premier revenu net est les $\dfrac{10}{11}$ du premier revenu brut.

Le second revenu net est les $\frac{9}{10}$ du second revenu brut.

D'après l'énoncé, les $\frac{9}{10}$ du second revenu brut valent les $\frac{10}{11}$ du premier revenu, c'est-à-dire que le second revenu est les $\frac{10}{11} : \frac{9}{10} = \frac{100}{99}$ du premier.

Le propriétaire devra donc augmenter le prix total de location de $\frac{1}{99}$ de sa propre valeur.

Ainsi, la maison rapportant par exemple, en premier lieu 2.200^{fr}, les contributions s'élèvent à $\frac{2200}{11} = 200^{fr}$; le revenu net est 2000^{fr}.

En second lieu, le revenu brut est

$$2200 + \frac{2200}{99} = 2222^{fr},22\ldots$$

Les contributions s'élevant à $\frac{2222,22\ldots}{10} = 222^{fr},22\ldots$, le revenu net est encore 2.000^{fr}

Ni gain ni perte.

224. *Un marchand de bestiaux achète* **11** *moutons à* 35^{fr} *pièce. Il en perd un certain nombre, en revend le reste en augmentant par tête le prix d'achat d'autant de fois* 5^{fr} *qu'il a perdu de moutons.*

Sachant qu'ainsi le marchand n'a ni gagné ni perdu, combien avait-il perdu de moutons ?

Les moutons lui ont coûté $11 \times 35 = 385^{fr}$

Or, puisqu'il n'a ni perdu ni gagné, il a revendu les moutons restants pour le même prix de 385^{fr}. Le nombre de moutons étant entier, de même que le prix de vente d'un mouton, et le produit des deux nombres étant 385, il en résulte que ce sont deux diviseurs de 385. Or $385 = 5 \times 7 \times 11$ et ses diviseurs, rangés par ordre de grandeur croissante, sont

$$1, 5, 7, 11, 35, 55, 77, 385.$$

On sait d'ailleurs (**130**) que

$$11 \times 35 = 7 \times 55 = 5 \times 77 = 1 \times 385.$$

Mais le prix de vente d'un mouton s'obtient en ajoutant à 35^{fr} un multiple de 5. Ce prix de vente étant par suite un multiple de 5, ne peut être que 55 ; il lui est ainsi resté 7 moutons.

Il avait donc perdu $11 - 7 = 4$ moutons.

On peut d'ailleurs résoudre ce problème de bien d'autres manières.

Subtilités.

225. I. — *Quatre et cinq font huit.*

Prenez d'une part 4 allumettes, d'autre part 5, et réunissant ces deux groupes d'allumettes, vous formerez la figure ci-dessous (*fig.* 56):

Fig. 56.

182	351
179	168

Fig. 57.

226. II. — *On donne le carré ci-contre (fig. 57). Effacer six des chiffres qui y sont contenus de façon à obtenir 82 pour total verticalement et horizontalement en additionnant les nombres formés par les chiffres restants.*

Reproduisez la figure 57 sur du papier transparent, après y avoir effacé les chiffres 2 dans la 1re case, 3 et 5 dans la 2e, 7 et 9 dans la 3e, 6 dans la 4e. Retournez alors le papier ; vous obtiendrez par transparence la figure 58 qui donne bien 82 dans le sens horizontal et dans le sens vertical.

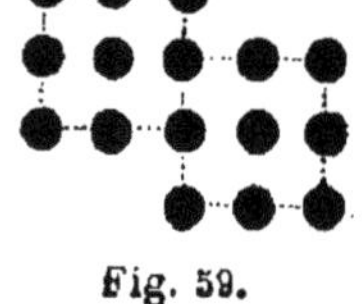

Fig. 58.

227. III. — *Avec 16 pions (ou 16 pièces de monnaie), former deux carrés de 3. On sait (81) qu'un carré de 3 se forme avec 9 pions.*

La figure 59 donne la solution de cette question. Il est nécessaire que les **deux** carrés aient **2 pions communs.**

Fig. 59.

228. IV. — *Ecrire le nombre 31 avec seulement 5 chiffres 3.*

$$31 = 3^3 + 3 + \frac{3}{3}.$$

Problème parisien.

229. *Un omnibus de la ligne Madeleine-Bastille arrive à la Bastille après avoir effectué son parcours. 93 voyageurs en totalité, dont 26 avec correspondance ayant pris l'intérieur, sont montés tant au départ que dans le trajet. Le conducteur, parti avec 20^{fr} dans sa sacoche, y trouve à l'arrivée 35^{fr},30.*

Combien est-il monté de voyageurs à l'intérieur et combien à l'impériale, le prix des places d'intérieur étant 30 centimes, celui des places d'impériale, 15 centimes ?

Il est monté $93 - 26 = 67$ voyageurs payants.

La somme payée par ces 67 voyageurs est

$$35,30 - 20 = 15^{fr},30.$$

Si les 67 voyageurs étaient tous montés à l'intérieur, ils auraient payé en totalité $67 \times 0,30 = 20^{fr},10$, soit une différence de $20,10 - 15,30 = 4^{fr},80$. En remplaçant un voyageur d'intérieur par un voyageur d'impériale, on a une diminution de $0^{fr},15$. Pour que la diminution devienne égale à $4^{fr},80$, on devra donc remplacer $\dfrac{4,80}{0,15} = 32$ voyageurs d'intérieur par autant de voyageurs d'impériale. Il y avait donc 32 voyageurs d'impériale, et $67 - 32 = 35$ voyageurs d'intérieur sans correspondance, soit en tout $35 + 26 = 61$ voyageurs d'intérieur.

La multiplication erronée.

230. *Un professeur donne à faire, à un de ses élèves, une multiplication de deux nombres dont l'un surpasse l'autre de 202 unités. La multiplication achevée, le professeur fait faire la preuve à l'aide de la division du produit trouvé par le plus petit nombre. Le quotient trouvé est 288, et le reste 67 ; la multiplication faite est donc inexacte. L'élève découvrant l'erreur, dit : « J'ai compté une unité de moins dans l'addition des produits partiels. » — « Ce n'est pas une unité, mais bien mille, que vous avez omis », répond le professeur.*

Trouver d'après cela les deux nombres à multiplier.

Le produit de 288 par le plus petit des nombres cherchés est inférieur de $1000 + 67 = 1067$ au résultat exact de la multiplication. On en déduit que le produit de 288 par le petit nombre, augmenté de 1067, est égal au produit du grand nombre par le petit nombre. Donc (**14**), ce dernier divise 1067. Or $1067 = 11 \times 97$, 11 et 97 étant des nombres premiers.

Le petit nombre, qui est forcément plus grand que 67, ne peut donc être que 97. L'autre facteur sera par suite $97 + 202 = 299$.

Le produit exact est donc $299 \times 97 = 29\,003$ et le produit trouvé en premier lieu, $28\,003$.

Le numéro du conscrit.

231. *On demandait à un conscrit quel était son numéro de tirage au sort. « Ce numéro est tel, répondit-il, qu'on le retrouve si l'on ajoute les nombres formés en arrangeant de toutes les façons possibles ses 3 chiffres 2 à 2 et en prenant ensuite la moitié de cette somme. »*

Considérons d'abord un nombre quelconque de 3 chiffres, 234 par exemple. Ajoutons les nombres de 2 chiffres qu'on peut former en combinant ses 3 chiffres 2 à 2. On a

$$23 = 3 + 10 \times 2$$
$$24 = 4 + 10 \times 2$$
$$32 = 2 + 10 \times 3$$
$$34 = 4 + 10 \times 3$$
$$42 = 2 + 10 \times 4$$
$$43 = 3 + 10 \times 4$$

$$23+24+32+34+42+43 = 2(2+3+4)+10\times2(2+3+4)$$
$$= (2+10\times2)(2+3+4) = 22(2+3+4)$$

Ainsi, pour un nombre quelconque de 3 chiffres, la somme considérée est égale à **22** fois la somme de ces 3 chiffres.

Le problème revient donc à trouver un nombre de 3 chiffres qui soit égal à 11 fois la somme de ses chiffres. Ce nombre est évidemment un multiple de 11. De plus, la somme de ses 3 chiffres ne pouvant dépasser $3 \times 9 = 27$, le nombre lui-même ne peut dépasser $27 \times 11 = 297$; ou, puisque 19 est la somme des chiffres de 199 et 289, entiers compris entre 100 et 297 pour lesquels cette somme est la plus grande, ce nombre est au plus égal à $11 \times 19 = 209$. Il appartient donc à la suite

110, 121, 132, 143, 154, 165, 176, 187, 198, 209

dont tous les termes sont des multiples de 11.

D'ailleurs, la somme des chiffres du nombre cherché est supérieure à 9, puisque $9 \times 11 = 99$, nombre de 2 chiffres seulement. En tenant compte de cette remarque, la série précédente se réduit à

154, 165, 176, 187, 198, 209.

Puisque $154 = 11 \times 14$, 154 ne satisfait pas à la question, la somme de ses chiffres étant seulement 10; en rejetant d'après cela les termes dont la somme des chiffres n'est pas supérieure à 14, la suite ci-dessus se réduit encore à

187, 198.

On vérifie que le nombre 198 seul répond à la question. On a bien en effet

$$\frac{19 + 18 + 91 + 98 + 81 + 89}{2} = \frac{396}{2} = 198.$$

La rente du rentier.

232. « *J'ai une certaine somme placée à 5 %, disait*

un rentier ; elle est telle que si au nombre formé par les deux derniers chiffres de droite, on ajoute le nombre formé par les autres chiffres, on obtient la rente qu'elle produit. » Quelles sont et la somme et la rente ?

1 franc de capital produit $\dfrac{5}{100} = \dfrac{1}{20}$ de franc de rente. 1^{fr} de rente est donc produit par 20^{fr} de capital. Par suite, 20 fois la rente totale, c'est-à-dire 20 fois le nombre de gauche plus 20 fois le nombre de droite vaudront la somme cherchée, équivalente au centuple du nombre de gauche plus le nombre de droite ; **ou** encore 19 fois le nombre de droite donneront 80 fois le nombre de gauche.

On a une première solution évidente en supposant le premier égal à 80 et le second à 19. La somme cherchée sera donc 1980 et la rente qu'elle produit, 19 + 80 = 99. C'est d'ailleurs la seule solution, car le nombre de droite est supposé inférieur à 100.

Les permissionnaires.

233. *A l'époque du jour de l'an, un congé est accordé aux soldats d'un régiment. Une des compagnies de ce régiment est composée de 121 hommes sur lesquels 100 demandent à partir dans leur famille. Le capitaine estime que 30 hommes sont nécessaires pour assurer le service pendant le départ des permissionnaires ; il décide de s'en rapporter au sort pour la désignation des 9 soldats qui ne peuvent partir. Il fait disposer en ligne droite les 100 postulants et fait sortir du rang le 1er, le 11e, le 21e, ..., le 91e. Puis il fait serrer le rang, recommencer l'appel de la même manière, en comptant à* *partir du premier et faisant sortir les hommes de dix en dix, et il continue ainsi jusqu'à ce qu'il ne reste plus que 9 soldats. Quels numéros possédaient ces 9 soldats dans le rang primitivement formé ?*

En suivant une marche analogue à celle des n°ˢ 204 et 205, on verra que les 9 hommes occupaient d'abord les n°ˢ 37, 42, 47, 53, 59, 66, 74, 83, 93.

Escompte rapide.

234. *Un commerçant liquide ses marchandises en magasin ; il les vend 15 % de moins que le prix marqué, et de plus, fait 6 % d'escompte lorsqu'on le paie comptant. Indiquer un calcul rapide, permettant de retrancher du prix marqué, en une seule fois, ces deux rabais.*

Le prix net est les $\dfrac{85}{100}$ du prix marqué ; et le prix au comptant, les $\dfrac{94}{100}$ du prix net, c'est-à-dire les

$$\frac{85}{100} \times \frac{94}{100} = \frac{799}{1\,000}$$ du prix marqué. Ainsi, on doit déduire en totalité les $\dfrac{1\,000}{1\,000} - \dfrac{799}{1\,000} = \dfrac{201}{1\,000}$ du prix marqué.

Or $\dfrac{201}{1\,000} = \dfrac{200}{1\,000} + \dfrac{1}{1\,000} = \dfrac{2}{10} + \dfrac{1}{1\,000}.$

Le rabais total s'obtiendra donc en prenant les $\dfrac{2}{10}$ du prix marqué et en ajoutant au résultat la millième partie de ce prix.

Par exemple, le prix marqué étant 6284^{fr},35,

on aura

$$\frac{2}{10} = 1\,256,87$$

$$\frac{1}{1000} = 6,28$$

Rabais total $= 1\,263,15$.

Prix au comptant $6\,284,35 - 1\,263,15 = 5\,021^{\text{fr}},20$.

Tirage d'une loterie.

235. *Une loterie se compose de* 200 *numéros. On ne possède que les n*[os] 0, 1, 2, 3, 4, 5, 6, 7, 8, 9. *Comment s'y prendre pour faire le tirage ?*

Pour chaque billet, on sera forcé de faire 3 tirages successifs. Pour le 1er tirage, on ne mettra dans l'urne que les n°s 0 et 1 ; ce tirage fera connaître les centaines.

Pour les 2e et 3e tirages, on mettra les 10 premiers n[os] ; le 2e tirage fera connaître le chiffre des dizaines, et le 3e celui des unités.

Tous les n[os] pourront sortir, excepté 200. On pourra convenir que ce n° gagnera si les 3 tirages successifs amènent 0.

La bourse perdue.

236. *Une personne a perdu sa bourse et ne sait pas d'une façon précise le nombre des pièces de un franc qu'elle contenait. Elle se rappelle seulement qu'elle en avait moins de* 100, *qu'en les comptant* 2 à 2, *ou* 3 à 3, *ou* 5 à 5, *il en restait toujours* 1 *et qu'en les comptant* 7 à 7, *il ne restait rien. Quelle était la somme contenue dans la bourse ?*

D'après l'énoncé, le nombre de pièces est un multiple

de 7 et le nombre inférieur d'une unité est multiple de 2, de 3 et de 5 ou puisque ces trois nombres sont premiers, multiple de $2 \times 3 \times 5 = 30$ (**17**).

Nous devons donc prendre, parmi les multiples de 30, le premier qui, augmenté de 1, soit divisible par 7. Le premier multiple de 30 qui satisfasse à cette condition est 90 et le seul nombre qui réponde à la question est par suite 91.

La date de naissance.

237. *Trouver l'âge atteint par une personne en 1898, sachant que cet âge est égal à la somme des chiffres de l'année de sa naissance.*

La personne est assurément née dans le 19e siècle, car la somme de 4 chiffres est au plus égale à $4 \times 9 = 36$; or $1898 - 36 = 1862$.

Cela posé, la somme des 2 premiers chiffres du millésime de l'année cherchée étant $1 + 8 = 9$, on peut dire qu'en $1898 - 9 = 1889$, la personne avait un âge marqué par la somme des derniers chiffres de l'année cherchée. Ces deux derniers chiffres ont au plus pour somme $8 \times 2 = 16$, c'est-à-dire que la personne est née au plus tôt en $1889 - 16 = 1873$.

Supposons d'abord qu'elle soit née de 1873 à 1879. On pourra dire qu'en $1882 = 1889 - 7$, elle avait un âge marqué par le dernier chiffre de l'année de sa naissance. On en déduit que le chiffre cherché est $\frac{82 - 70}{2} = 6$. La personne est donc née en 1876; elle a eu 22 ans en 1898. On a bien d'ailleurs $1+8+7+6=22$.

En supposant l'année de la naissance de 1880 à 1889

et raisonnant comme ci-dessus, on voit qu'il n'y a pas
de solution correspondante.

Pesée difficile.

238. *On a 5 poids de 1 gramme, 5 de 10 grammes, 5 de 100 grammes, etc... Montrer qu'à l'aide
d'une balance et de cette série de poids, on peut peser
un objet dont le poids est un nombre quelconque de
grammes.*

Plaçons l'objet sur un des plateaux de la balance et
sur l'autre plateau, tour à tour, 1 gramme, 1 déca-
gramme, 1 hectogramme, ... Nous trouverons ainsi la
plus haute unité contenue dans le poids du corps.

Supposons ce poids compris entre 1 hectogr. et
1 kilogr. Plaçons sur le plateau des poids, successivement 1, 2, 3, 4, 5 hectogr. Si le plateau penche à
4 hectogr., par exemple, il s'ensuit que le corps pèse
moins de 4 hectogr. et plus de 3. Si 5 hectogr. ne faisaient pas pencher le plateau des poids, on mettrait
1 kilogr. sur ce plateau et 1, 2, 3, 4 ou 5 hectogr. sur
le plateau de l'objet jusqu'à faire pencher ce dernier
plateau. Supposons qu'on ait mis ainsi 2 hectogr. sur le
plateau de l'objet; la différence entre 10 et 2 étant 8, on
en conclut que le corps pèse plus de 8 hectogr. et moins
de 9.

On opérerait de même pour déterminer le nombre
de décagr. et de grammes.

Problèmes de Chemin de fer.

239. I. — *Sur une ligne de chemin de fer à deux*

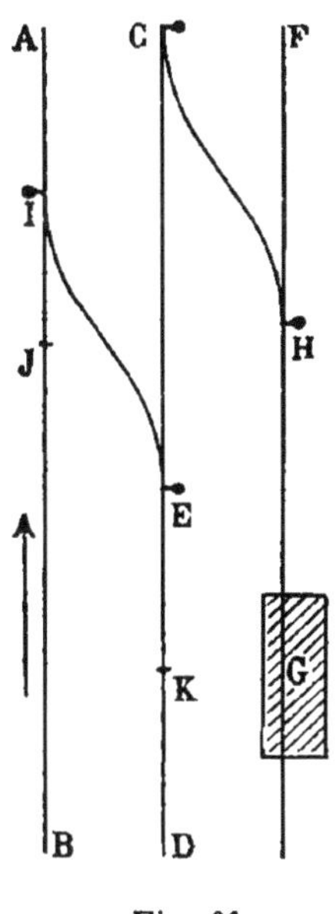

voies AB, CD *(représentées chacune par un seul trait sur la fig. 60), un train de marchandises formé de* 21 *wagons circule sur la voie* AB *dans la direction* BA. *Ce train doit laisser à la gare des marchandises* G *d'une certaine station les* 9e *et* 12e *wagons (à partir de la locomotive). Or le passage successif du train sur la voie* CD *et sur la voie* FG *aboutissant à la gare aux marchandises ne peut se faire, par suite de réparations, que par les branchements* IE, CH *munis d'aiguilles en* I, E, C, H. *Comment le mécanicien devra-t-il s'y prendre pour amener à la fois en* G *les deux wagons à laisser, par le plus petit nombre possible de manœuvres?*

On suppose qu'aucun passage de train n'est à craindre sur les voies AB *et* CD *pendant la durée de la manœuvre.*

Fig. 60.

Le mécanicien fait avancer le train de telle sorte que l'arrière du 11e wagon soit un peu au-dessus de l'aiguille I. On décroche alors les 10e et 11e wagons du reste du train, on aiguille en I et en E, de sorte que le passage soit assuré par le branchement IE de AI en EK. Un léger recul de la machine suffit pour engager les deux wagons détachés sur IE, la queue du train restant en IJ. Au moment où l'arrière du 9e wagon arrive en I, le mécanicien stoppe, on décroche le 12e wagon de la queue du train et on l'accroche au 9e wagon. La tête du train est légèrement avancée, puis on la fait rebrousser sur les voies IE et ED, chassant

devant elle vers K les 10ᵉ et 11ᵉ wagons. Lorsque la locomotive a dépassé l'aiguille E, on change le sens du mou-
vement ; le train parcourt EI, puis le branchement CH,
gagne la voie FG et les 9ᵉ et 12ᵉ wagons sont laissés
en G. Le train refait alors le chemin en sens inverse ;
lorsqu'il se trouve vers K, on accroche les 10ᵉ et
11ᵉ wagons, puis il repasse par EI et enfin on accroche
au 11ᵉ wagon la queue du train restée en IJ.

240. II. — *La voie ABCD est reliée à une plaque
tournante P au moyen de deux voies BP, CP et d'aiguilles en B et en C (fig. 61). Une locomotive L et un*

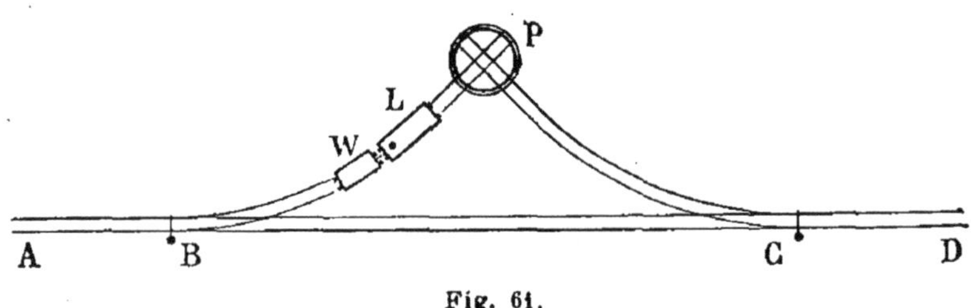

Fig. 61.

*wagon W sont engagés sur la voie BP, dans l'ordre
indiqué sur la figure. On veut les faire passer sur la
voie ABCD dans la direction DA, de sorte que la locomotive soit en avant. Comment devra-t-on faire, la plaque tournante ne pouvant servir qu'au transport des
wagons ?*

On fera rebrousser L et W suivant PB ; puis aiguillant en B, avancer suivant BC ; ensuite aiguillant en C,
rebrousser suivant CP ; W se trouvant alors entre L et P,
on le fait passer, à l'aide de la plaque tournante, de la
voie CP sur la voie PB. L refaisant le chemin en sens
inverse, passe sur la voie BP et se trouve maintenant
en avant de W. L et W restent d'ailleurs dans la même

position respective, lorsqu'aiguillés en B, on les dirige suivant BA.

241. III. — *On sait que sur le chemin de fer de ceinture de Paris circulent, dans les deux sens, des trains s'arrêtant à toutes les stations, les uns partant de Courcelles, gare tête de ligne, et les autres de certaines gares intérieures.*

Or un voyageur, pour lequel les minutes sont pré-

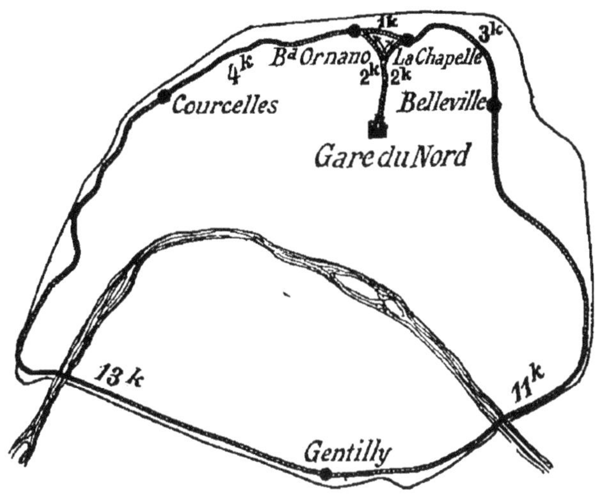

Fig. 62.

cieuses, veut se rendre à la station de Gentilly par un train partant de la gare du Nord, à laquelle il se trouve à 10ʰ30ᵐ du matin. Il peut prendre à cet effet deux trains : l'un partant à 10ʰ33ᵐ dans la direction du boulevard Ornano (fig. 62), l'autre à 10ʰ42ᵐ dans la direction de La Chapelle. Enfin, il sait d'autre part qu'un train circulaire est parti de Courcelles à 10ʰ28ᵐ dans la direction du boulevard Ornano.

La figure 62 donne en kilomètres les distances entre

les stations qui y sont indiquées. Enfin les trains de ceinture marchent, en tenant compte des arrêts aux stations, à une vitesse moyenne de 21 kilomètres à l'heure.

Que devra faire le voyageur ?

La distance de la gare du Nord à Gentilly par le boulevard Ornano est de 19^{km} et par La Chapelle, de 16^{km}.

Le train parcourant $\dfrac{21\,000}{60} = 0^{km},35$ à la minute, il faudrait pour se rendre à Gentilly par le boulevard Ornano, $\dfrac{19}{0,35} = 54^{m},3,$

et par La Chapelle, $\dfrac{16}{0,35} = 45^{m},7.$

Le premier train arriverait à

$$10^{h}33^{m} + 54^{m},3 = 11^{h}27^{m},3;$$

Le second train arriverait à

$$10^{h}42^{m} + 45^{m},7 = 11^{h}27^{m},7.$$

Ainsi, il semble au premier abord que le voyageur pourra prendre à peu près indifféremment une des deux directions. Mais il existe une solution préférable et qui est loin de se présenter de suite à l'esprit : le voyageur partira par le train de $10^{h}33^{m}$ dans la direction du boulevard Ornano et à cette gare il pourra prendre le train parti de Courcelles à $10^{h}28^{m}$. En effet, il arrivera au boulevard Ornano à

$$0^{h}33^{m} + \dfrac{2}{0,35} = 10^{h}38^{m},7.$$

Or le train de Courcelles arrive au boulevard Ornano à $10^{h}28^{m} + \dfrac{4}{0,35} = 10^{h}39^{m},4.$ Ainsi le voyageur aura le temps de changer de train et il arrivera à Gentilly par le train de Courcelles à

$$10^{h}39^{m},4 + \frac{15}{0,35} = 11^{h}22^{m},3.$$

C'est donc bien par cette voie que le voyageur sera le plus vite arrivé à destination (*).

L'Arithmétique à l'Académie française.

242. La dernière édition (7ᵉ-1877) du *Dictionnaire de l'Académie Française,* donne de certaines expressions mathématiques des définitions qui ne brillent ni par la précision, ni par l'exactitude. Qu'on en juge par les exemples suivants concernant l'Arithmétique (**) :

ZÉRO. — *On appelle ainsi un signe ou chiffre en forme d'O qui de lui-même ne marque aucun nombre, mais qui, mis après les autres chiffres, sert à multiplier par* 10, *à rendre* 10 *fois plus grands les nombres qu'ils expriment.* 1 *et zéro font dix,* 2 *et zéro font* 20,...

On eût pu ajouter au moins... *multiplier par* 10, 100, 1000,... En admettant même que cela eût été fait, comment concilier cette définition avec la formation du nombre 430057, par exemple ?

(*) Cette question, telle que nous l'avons présentée, ne correspond pas d'une façon absolument exacte à la réalité en ce qui concerne l'horaire des trains. Il n'en est pas moins vrai cependant que les voyageurs de la ceinture parisienne ont tous les jours à résoudre des problèmes analogues.

(**) On peut faire de pareilles remarques sur les autres branches des mathématiques. En Géométrie, par exemple, on trouvera ceci :

CARRÉ. — *Se dit d'une surface plane qui a quatre côtés et quatre angles droits.*

Surface plane et polygone sont synonymes en langue académique. — Il en résulterait aussi que tous les rectangles seraient carrés, car on a omis de dire que les quatre côtés devaient être égaux.

CYLINDRE.— *Corps de figure longue et ronde et d'égale grosseur partout* (!).

Produit. — *Nombre qui résulte de deux nombres multipliés l'un par l'autre.*

Comment s'appellera alors le résultat de cette opération : $3 \times 5 \times 8$?

Nombre décimal. — *Nombre de parties de l'unité divisée en dix.*

On a omis d'écrire : *en dix, cent, mille,... parties égales.*

Nombre premier. — *Tout nombre qui ne peut être divisé exactement et sans reste par aucun autre nombre que l'unité.*

D'après cette définition, 1 serait le seul nombre premier. Car un nombre quelconque autre que 1 est toujours divisible par *lui-même* et par l'unité. On a en effet pour le nombre 5, par exemple, $5 = 5 \times 1$; on voit sous cette forme que 5 est le produit des facteurs 5 et 1 et est par conséquent divisible par 5 et 1.

D'ailleurs l'une des deux expressions « divisée exactement » et « sans reste » est superflue. Si la division de deux nombres se fait exactement, il n'y a pas de reste, et réciproquement.

Compte à reconstituer.

243. *Un incendie a consumé les livres de comptabilité d'un commerçant qui ne trouve, pour reconstituer le compte de son principal débiteur, qu'une feuille à demi-brûlée avec les indications ci-après :*

237 *objets à* .1.^{fr},.. —————————— ‖ 7...0^{fr},65 ‖

où nous avons représenté les chiffres effacés par des points.

Comment peut-on rétablir les chiffres manquants ?

En nous reportant au n° **59**, nous pouvons tout d'abord déterminer les 3 derniers chiffres du prix de chaque objet. Car il nous suffit de chercher comment se termine le quotient de ... 065 par **237**. On fera donc l'opération ci-dessous

..... 0 65	237	**5**
..... 1 85		
..... 88		**4**
..... 48		
..... 4		**2**

Ainsi le prix cherché peut être représenté par l'expression   . 12^{fr},45,
dans laquelle il nous reste à déterminer le premier chiffre. Ce premier chiffre paraît être 3 (quotient entier de 7 par 2, 7 et 2 étant les premiers chiffres du nombre d'objets et du nombre représentant leur valeur). Pour le vérifier, nous remarquerons que si ce premier chiffre était 2, le produit serait inférieur à

$$240 \times 220 = 52\,800^{fr}.$$

Si ce chiffre était 4, le produit serait supérieur à

$$230 \times 410 = 94\,300^{fr}.$$

Ainsi le chiffre cherché ne peut être que 3.

Le compte reconstitué est par suite
237 objets à 312^{fr},45. ———————————— ‖ 74 050^{fr},65 ‖

Les deux victoires du 22 Avril.

244. *En dehors de la période comprise entre* 1650 *et* 1750, *les Français ont remporté deux victoires qui sont tombées toutes deux le* **22 avril**. *Sachant qu'il s'est* *écoulé exactement entre le matin de la première et le matin de la seconde* 4382 *jours et que la somme des chiffres du millésime de l'année dans laquelle a eu lieu la première est* 23, *on demande le nom de ces batailles.*

Ce problème semble incompréhensible au premier abord, car il paraît impossible, avec les seules données de l'énoncé, de le résoudre arithmétiquement. Mais si l'on se reporte à ce que nous avons dit au n° **161**, sa résolution, au contraire, sera aisée.

En effet, on a $4382 = 365 \times 12 + 2$. Ainsi, il s'est écoulé entre les deux batailles 12 années, parmi lesquelles 2 furent bissextiles. En général, il eût dû y avoir 3 années bissextiles dans cette période. C'est donc que l'année 1800, qui est jusqu'ici, avec 1700, la seule année séculaire de notre ère qui n'ait pas été bissextile, est ou bien une des deux années cherchées ou bien comprise entre ces deux années. La première hypothèse est inadmissible, puisque la somme $1 + 8 + 0 + 0 = 9$ est inférieure à 23.

D'ailleurs, la première de ces années est au plus $1800 - 12 = 1788$. Puisque la somme des chiffres du millésime des années 1788, 1789 n'est pas 23, la première bataille a donc eu lieu de 1790 à 1799, et comme $1 + 7 + 9 = 17$ et que $23 - 17 = 6$, on voit que l'année cherchée est 1796.

Ainsi les deux batailles ont eu lieu respectivement le 22 avril 1796 et le 22 avril 1808 ; il ne s'est effectivement trouvé entre ces deux dates que deux mois de février contenant 29 jours, en 1804 et 1808.

Les deux victoires sont : la première, celle de Mondovi, remportée par Bonaparte sur les Piémontais dans sa campagne d'Italie, et la seconde, celle d'Eckmühl, qui valut à Davoust son titre de prince, remportée sur les Autrichiens.

Huit fois huit font soixante-cinq.

245. Traçons un carré ABCD (*fig*. 63 — I), contenant 64 cases égales et divisons-le en deux trapèzes égaux

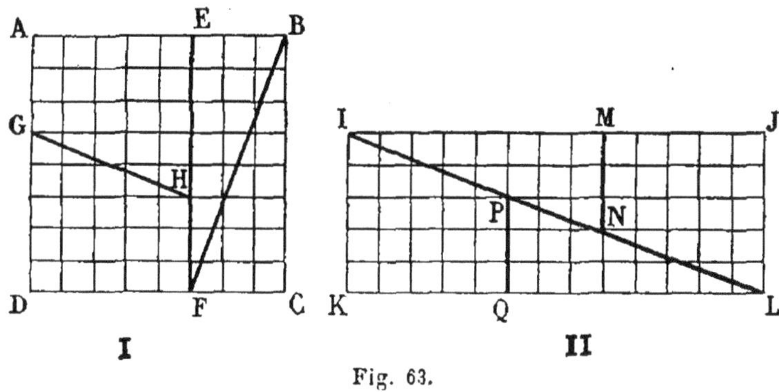

Fig. 63.

et deux triangles égaux par les transversales EF, GH, BF. Découpons ces quatre figures et réunissons-les comme il est indiqué en II, AEHG venant en QKIP, GHFD en LNMJ, BEF en NMI, BCF en LQP. On constate alors que cette juxtaposition donne un rectangle IJLK dont un des côtés est divisé en 13 parties égales, l'autre en 5 de ces mêmes parties et contenant par suite $13 \times 5 = 65$ cases.

Pour expliquer ce résultat paradoxal, il suffit d'observer que les bords des fragments qui forment la diagonale IL ne coïncident pas parfaitement et laissent entre eux un léger vide qui équivaut à une case.

D'une façon plus précise, les inclinaisons des diagonales GH, BF, IL ont respectivement pour valeur $\frac{2}{5}$, $\frac{3}{8}$, $\frac{5}{13}$ et on a

$$\frac{2}{5} - \frac{5}{13} = \frac{1}{65}, \qquad \frac{5}{13} - \frac{3}{8} = \frac{1}{104}.$$

On voit que les différences d'inclinaison des diagonales tracées dans le carré et de la diagonale du rectangle, pour être très faibles, ne sont cependant pas nulles.

Problème chinois.

246. *3 tonneaux remplis d'une même quantité de riz ont été vidés en partie par des voleurs. On ne sait pas combien il y avait de riz en tout, mais on sait qu'il reste :*

Dans le 1ᵉʳ tonneau. . . . . 1 ho,

—　　2ᵉ　　—　. . . . . 1 sching et 1 ho.

—　　3ᵉ　　—　. . . . . 1 ho.

Les voleurs étant pris ont avoué : le premier, avoir puisé dans le 1ᵉʳ tonneau avec une pelle à écurie; le second, dans le 2ᵉ tonneau avec un sabot; le troisième, dans le 3ᵉ tonneau avec une écuelle.

On s'est assuré que

la pelle contenait　1 sching et 1 ho,

le sabot　　—　　1 sching et 7 ho,

l'écuelle　　—　　1 sching et 3 ho,

et que chaque tonneau contenait au plus 3 schih.

On sait enfin que 10 ho valent 1 sching; 10 sching, 1 tau; 10 tau, 1 schih.

Combien chaque voleur avait-il pris de riz (*)?

(*) Extrait du *Su-schou-kiu-tschang* (voir note du n° 61, page 36).

Il suffit de trouver la contenance commune des 3 tonneaux. Or, en réduisant tout en ho, on voit qu'il reste respectivement dans le 1ᵉʳ, le 2ᵉ et le 3ᵉ tonneau, 1 ho, 11 ho et 1 ho, et que la pelle contient 11 ho, le sabot 17 ho et l'écuelle 13 ho.

Le problème revient à trouver un nombre qui soit multiple de 11 plus 1, de 17 plus 11 et de 13 plus 1. En particulier, ce nombre est multiple de $11 \times 13 = 143$ plus 1. Il fait donc déjà partie de la progression arithmétique ci-après de raison 143 et commençant à $143 + 1$:

$$(1) \qquad \div 144. \quad 287. \quad 430. \quad \ldots$$

Il nous faut chercher maintenant le premier terme de cette suite qui, divisé par 17, donne pour reste 11. Nous pouvons, à cet effet, considérer la progression arithmétique suivante de raison 143 et commençant à $144 - 11 = 133$:

$$(2) \qquad \div 133. \quad 276. \quad 419. \quad \ldots$$

et chercher le premier des termes de cette suite qui soit un multiple de 17 ; en lui ajoutant 11, on aura le contenu de chaque tonneau.

Or les termes de (2) peuvent s'obtenir en ajoutant à 133 les multiples successifs de 143. D'ailleurs

$$133 = 17 \times 7 + 14, \qquad 143 = 17 \times 8 + 7.$$

Il en résulte qu'un terme quelconque de (2), le 6ᵉ, par exemple, peut s'écrire

$$133 + 143 \times 5 = 17 \times 7 + 14 + 17 \times 8 \times 5 + 7 \times 5$$
$$= 17(7 + 8 \times 5) + 7(2 + 5).$$

Or la première partie de cette dernière somme est toujours divisible par 17 ; en remarquant que le nombre 5, qui indique le rang diminué de 1 du terme considéré de (2), est le seul nombre variable dans la parenthèse de la seconde partie, il nous suffit donc de voir quel est le nombre qui ajouté à 2 est multiple de 17 : c'est 15. Ainsi le 16e terme de (2) augmenté de 11 est le nombre cherché. Ce nombre est d'ailleurs

$$144 + 15 \times 143 = 2289.$$

C'est la plus petite solution ; il n'y en a d'ailleurs pas d'autre, car d'après l'énoncé, cette quantité doit être inférieure à 3000.

Chaque tonneau contenait donc 2289 ho. Par suite

Le 1er voleur a pris 2289 — 1 = 2288 ho, soit 2 schih, 2 tau, 8 sching, 8 ho.
— 2e   —   2289 — 11 = 2278 ho, soit 2 schih, 2 tau, 7 sching, 8 ho.
— 3e   —   2289 — 1 = 2288 ho, soit 2 schih, 2 tau, 8 sching, 8 ho.

Le premier a puisé 208 fois avec la pelle, le second, 134 fois avec le sabot et le troisième, 176 fois avec l'écuelle.

TROISIÈME PARTIE

LES CARRÉS MAGIQUES

CHAPITRE XIII

FORMATION DES CARRÉS MAGIQUES

247. Nous ne pouvons exposer ici, sans sortir de notre cadre, la théorie complète des carrés magiques : nous indiquerons seulement à nos lecteurs quelques-unes des règles les plus simples qu'on emploie pour les former et quelques questions qui s'y rattachent.

248. Les carrés magiques étaient connus dans l'antiquité ; on leur attribuait même à cette époque une grande importance symbolique. Mais la première règle pour leur formation ne paraît cependant avoir été donnée que vers l'an 420 de notre ère par le moine grec Moscopule. Depuis, ce sujet a préoccupé un grand nombre d'esprits distingués : Bachet de Méziriac, Frénicle, Fermat, de la Hire, Sauveur, Euler et Violle, et, de nos jours, Ed. Lucas, M. de Frolow, le commandant Coccoz, etc... Enfin, dans d'intéressantes recherches publiées récemment, M. Arnoux, s'écartant de la route

jusqu'alors suivie par ses devanciers, a présenté la
question sous un aspect absolument nouveau.

Définitions.

249. Considérons un carré ABCD divisé en cases
égales par des parallèles aux côtés, chacune des cases

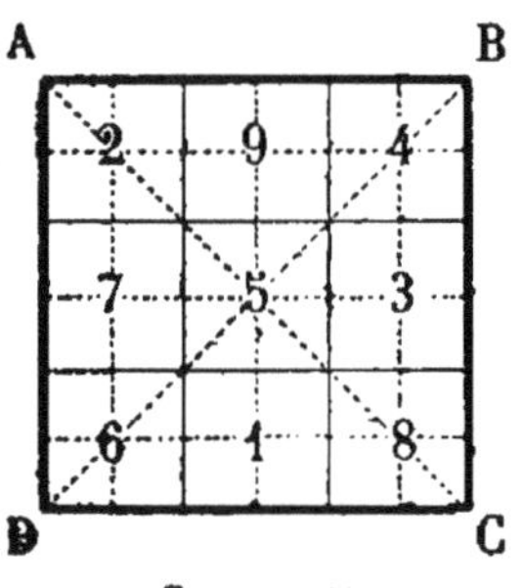

Fig. 64.

contenant un nombre entier. Ce
carré sera *magique* si la somme
des nombres suivant chaque *ligne*
(sens horizontal), suivant chaque
colonne (sens vertical) et suivant
chaque diagonale est toujours la
même.

Ainsi le carré ci-contre (*fig.* 64)
est magique, car la somme des
nombres suivant toutes les lignes, colonnes et diagonales est constamment 15. La somme constante est la
somme magique (sur les figures, nous la désignons par
l'abréviation S. m.). AC est la *première* diagonale, BD
la *seconde* diagonale.

Un carré magique se désigne par le nombre des divisions égales de son côté. Ainsi le carré magique contenant 25 cases est dit le *carré de* 5. 5 est le *côté* ou la
racine du carré. Les nombres contenus dans les cases
sont les *éléments* du carré.

Dans une ligne ou une colonne, deux cases dont les
centres sont à égale distance du milieu de la ligne ou
de la colonne considérée, sont dites *correspondantes*.
Les éléments contenus dans ces cases sont également
dits *correspondants*. Ainsi la 1re et la 3e cases de la
1re colonne du carré de la figure 64 sont correspondantes ; 2 et 6 sont des éléments correspondants.

Enfin, un carré sera *semi-magique* si ses éléments donnent une somme constante seulement suivant les lignes et les colonnes.

PROPRIÉTÉS GÉNÉRALES

250. *Un carré reste magique si l'on augmente ou si l'on diminue chacun de ses éléments d'un même nombre.*

Cette propriété est évidente, car si l'on augmente, par exemple, de 5 unités chaque élément d'un carré de 3, la somme suivant chaque ligne, chaque colonne et chaque diagonale se trouvera augmentée du même nombre $3 \times 5 = 15$; elle restera donc constante.

Il en résulte que si un carré est magique pour une suite déterminée des premiers nombres, il le sera encore si on remplace ceux-ci respectivement par un même nombre d'entiers quelconques, mais consécutifs. Ainsi, en remplaçant dans le carré de 3 de la figure 64 1,2, ..., 9 par 18, 19, ..., 26, on a encore un carré magique (*fig*. 65.

19	26	21
24	22	20
23	18	25

S. m. 66

Fig. 65.

96	131	106
121	111	101
116	91	126

S. m. 333

Fig. 66.

251. *Un carré reste magique si l'on multiplie ou si l'on divise chacun de ses éléments par un même nombre.*

Car la nouvelle somme magique est égale à l'ancienne multipliée ou divisée par ce nombre.

252. Il résulte des n°ˢ **250** et **251** que *si un carré est magique pour une certaine suite d'entiers consécutifs, il le sera encore si l'on remplace ces entiers respectivement par les termes d'une progression arithmétique quelconque.*

Soit en effet, par exemple, à disposer magiquement dans un carré de 3 les termes de la progression arithmétique

$$\div 91.\ 96.\ \dots\ 131$$

de raison 5. Nous remarquerons d'abord que ces différents termes peuvent s'écrire

$$18 \times 5 + 1, \quad 19 \times 5 + 1, \quad \dots, \quad 26 \times 5 + 1.$$

Il nous suffit donc (**251**) de multiplier par 5 chacun des éléments du carré magique de la figure **65** et d'ajouter (**250**) une unité à chacun de ces produits pour obtenir le carré magique cherché (*fig.* 66).

253. Remarque. — Ainsi, lorsqu'on voudra remplir les cases d'un carré avec les termes d'une progression arithmétique de façon à le rendre magique, il sera souvent plus simple de constituer ce carré magique avec les premiers entiers 1, 2, 3, 4, 5, ... (c'est d'ailleurs ce que nous ferons pour exposer les règles de construction des carrés magiques). On remplacera ensuite chacun de ces entiers par le terme de même rang de la progression donnée.

On voit qu'étant donné un carré magique, on pourra en déduire une infinité d'autres.

254. *En ajoutant les éléments des cases de même rang de deux carrés magiques, on obtient un carré magique.*

Cette remarque est évidente. Si l'un des carrés a son côté plus petit que celui de l'autre, on le complète par l'adjonction d'un pourtour de cases vides qu'on remplit par des zéros.

255. Si l'on appelle *correspondantes* les lignes ou les colonnes qui sont à la même distance du centre du carré, on a cette proposition : *Un carré reste magique si l'on échange deux colonnes, puis deux lignes (ou inversement), qui soient toutes les quatre correspondantes.*

Etant donné le carré magique I (*fig.* 67), échangeons

14	7	1	12
9	4	6	15
8	13	11	2
3	10	16	5

S. m. 34
I

12	7	1	14
15	4	6	9
2	13	11	8
5	10	16	3

II

5	10	16	3
15	4	6	9
2	13	11	8
12	7	1	14

S. m. 34
III

Fig. 67.

d'abord dans ce carré deux colonnes correspondantes, par exemple les colonnes extrêmes : on a le carré auxiliaire II qui n'est pas magique. Echangeons maintenant les deux lignes extrêmes de II. On obtient ainsi le carré III qui est magique, car on n'a évidemment pas changé les sommes suivant les lignes et les colonnes qui renferment toujours les mêmes éléments, quoique dans un ordre différent ; et d'un autre côté, on n'a fait qu'échanger les éléments extrêmes des diagonales.

256. *La somme magique, dans un carré magique à progression arithmétique, est égale au demi-produit de la somme du premier et du dernier termes de la progression par le côté du carré.*

Supposons, en effet, qu'on veuille par exemple construire un carré magique de 7 avec les termes de la pro-

gression
$$\div 6.9.12.\ldots 150.$$

La somme totale des termes de cette progression est
$$\left(\frac{6+150}{2}\right)7^2.$$

D'un autre côté, ces termes sont répartis dans 7 colonnes de somme constante ; la somme des éléments d'une colonne, c'est-à-dire la somme magique, sera par suite
$$\frac{1}{2}\,(6+150)7$$

RÈGLES POUR LA FORMATION DES CARRÉS MAGIQUES

257. Il y a lieu tout d'abord de faire une distinction entre les carrés de côté impair et les carrés de côté pair, qu'on désigne, pour abréger, sous la dénomination de carrés impairs et carrés pairs. Nous diviserons encore les carrés pairs en pairement pairs et impairement pairs suivant que leur côté sera ou non divisible par 4. Ainsi les carrés de 4, 8, 12,... sont pairement pairs et ceux de 6, 10, 14, ..., impairement pairs.

Nous appellerons termes *complémentaires* d'une progression arithmétique donnée les termes qui sont à égale distance des termes extrêmes de la progression. Ainsi, dans la progression
$$\div 1.3.5.7.9.11$$
3 et 9, 5 et 7 sont des termes complémentaires. On observera que la somme de deux complémentaires quelconques est constante et égale à la somme des deux extrêmes.

258. Avant d'aller plus loin, nous remarquerons qu'un carré semi-magique, qu'on peut obtenir assez facilement sans règle précise (*), peut se transformer en un carré magique par une permutation de lignes et de colonnes.

Ainsi dans le carré semi-magique I (*fig.* 68), on cherchera quatre nombres, 14, 4, 11 et 5 par exemple, pris chacun dans une ligne et une colonne différentes, dont la somme fasse 34 et on permutera ensuite les colonnes sans toucher aux lignes, de façon que les nombres trouvés se placent suivant une diagonale. On obtiendra de cette façon le carré magique II

14	12	7	1
9	15	4	6
8	2	13	11
3	5	10	16

I

14	7	1	12
9	4	6	15
8	13	11	2
3	10	16	5

S. m. 34

II

Fig. 68.

259. A. Méthodes particulières. — Nous exposerons d'abord pour la formation des carrés impairs et pairement pairs deux procédés particuliers, faciles à retenir, mais ne donnant qu'une solution.

260. I. Carrés impairs. — Soit à construire un carré magique de 5. A l'extérieur d'un carré de 25 cases, formons des cases disposées en échelons et égales à celles du carré, indiquées en pointillé sur la figure 69 — I. Dans la direction d'une des diagonales du carré, remplissons les 5 échelons de 5 cases ainsi formés avec les 25 premiers nombres dans leur ordre naturel.

(*) Voir plus loin le Chapitre XV, § 2.

Puis, laissant intacts les nombres inscrits de cette façon
à l'intérieur du carré, reportons ceux de l'extérieur

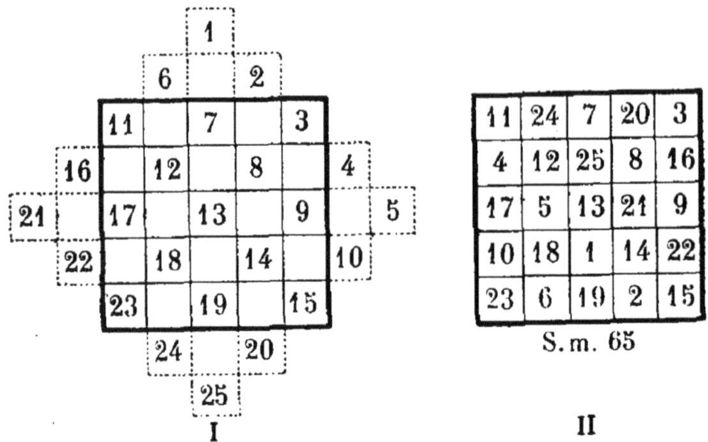

Fig. 69.

dans **la** colonne où ils se trouvent déjà et dans la
cinquième case après celle où on les a écrits.

Le carré II ainsi obtenu est bien magique ; car d'une
part, les deux diagonales, dont les éléments restent
invariables par suite de la construction, doivent bien,
en effet, donner la somme magique et d'autre part, la
distribution des autres nombres se faisant symétriquement par rapport au centre, on conçoit sans qu'il soit
besoin d'entrer dans de longs détails, que les lignes
et les colonnes doivent aussi donner la somme magique.

Ce procédé est dû à Bachet de Méziriac.

261. II. Carrés pairement pairs. — Soit à construire un
carré de 8. Réunissons (*fig.* 70) les 4 cases du centre du
carré pour en former une seule. Partant de cette
grande case, nous formerons un damier de cases semblables indiquées par des hachures, en observant que

celles contiguës aux côtés du carré se réduiront à une ou deux petites cases.

Remplissons maintenant dans le sens horizontal les petites cases hachurées, en inscrivant dans chacune le nombre qui représente son rang dans la suite complète des cases du carré. Lorsqu'on sera arrivé à la dernière case, on recommencera à compter les cases à partir de celle-là, mais de gauche à droite et de bas en haut, et on inscrira dans chaque case vide non hachurée le nombre qui représente son rang.

1	63	62	4	5	59	58	8
56	10	11	53	52	14	15	49
48	18	19	45	44	22	23	41
25	39	38	28	29	35	34	32
33	31	30	36	37	27	26	40
24	42	43	21	20	46	47	17
16	50	51	13	12	54	55	9
57	7	6	60	61	3	2	64

S. m. 260
Fig. 70.

On verrait comme pour les carrés impairs (**260**) que le carré ainsi obtenu est magique.

Ce procédé est dû à MM. Delanney et Lucien de Mondésir.

262. B. Méthodes générales. — La Hire a indiqué pour les carrés impairs et pairement pairs une méthode générale fort simple. Supposons, pour fixer les idées, qu'on ait à construire un carré magique de 7 et considérons les deux progressions arithmétiques ci-après, contenant chacune 7 termes :

(1) $\div 1 . 2 . 3 . 4 . 5 . 6 . 7$

(2) $\div 0 . 7 . 14 . 21 . 28 . 35 . 42,$

la première formée par la suite des premiers nombres,

la deuxième commençant à 0 et formée avec les multiples du côté du carré.

Il est évident que si l'on ajoute *chacun* des termes de (1) à *chacun* des termes de (2), on a tous les termes de la suite

(3)   1,2,3,4,5,6 ,... ,49.

Construisons maintenant deux carrés auxiliaires de 49 cases ; sur l'un deux, disposons les termes de (1) et sur l'autre les termes de (2), de telle manière que ces deux carrés soient magiques et qu'en transportant un carré sur l'autre, chaque nombre de (1) ne se rencontre qu'une fois avec chaque nombre de (2). On obtiendra en ajoutant les éléments de même rang des deux carrés auxiliaires, un carré magique (254) contenant tous les termes de (3).

Nous allons maintenant indiquer la marche pratique à suivre pour l'application de cette méthode.

263. I. Carrés impairs. — Soit à former un carré de 5. Dans la première ligne d'un carré de 25 cases (*fig.* 71—I)

5	1	2	3	4
3	4	5	1	2
1	2	3	4	5
4	5	1	2	3
2	3	4	5	1

0	5	10	15	20
10	15	20	0	5
20	0	5	10	15
5	10	15	20	0
15	20	0	5	10

5	6	12	18	24
13	19	25	1	7
21	2	8	14	20
9	15	16	22	3
17	23	4	10	11

S. m. 65

I   II   III

Fig. 71.

écrivons les 5 premiers nombres dans un ordre quelconque ; on écrit ces mêmes nombres dans la seconde ligne et dans le même ordre, mais en commençant par le *nombre de la première ligne qui suit celui du milieu.* On formera la troisième ligne avec la deuxième comme celle-ci est formée avec la première, et ainsi de suite. Le carré 1 ainsi obtenu est magique, puisque chaque ligne, chaque colonne et chaque diagonale contiennent une seule fois chacun des 5 premiers nombres.

Construisons maintenant un second carré auxiliaire (II) d'un même nombre de cases. Nous disposerons sur la première ligne, en les plaçant dans un ordre quelconque, les termes de la progression arithmétique

$$\div 0.5.10.15.20,$$

commençant à 0 et formée avec les multiples successifs de 5. On formera la seconde ligne avec les éléments de la première dans le même ordre, mais en commençant par le *nombre du milieu,* et ainsi de suite. Le nouveau carré est magique comme le premier.

En ajoutant, dans les carrés I et II, les nombres des cases semblablement placées, on obtient le carré magique cherché formé avec les 25 premiers nombres (*fig.* 71 — III). En effet, tous les nombres obtenus par l'addition sont bien différents, puisque chaque nombre de I ne s'ajoutera jamais deux fois avec le même nombre du carré II, à cause de la disposition différente adoptée dans les deux carrés ; d'ailleurs, I et II étant magiques, il en est de même de III (254).

264. Remarque. — Cette méthode n'est applicable au carré de 3 que si les termes moyens 2 et 3 sont respectivement, le premier dans la première case de la première ligne de I, le second dans la dernière case de la première ligne de II. Comme il n'existe d'ailleurs qu'un seul carré magique de 3, on l'obtiendra plus simplement par la méthode de Bachet (260).

265. II. Carrés pairement pairs. — Soit à former un carré de 4. On remplit la 1re *ligne* d'un carré auxiliaire de 16 cases (*fig.* 72-I) avec les 4 premiers nombres

2	4	1	3
3	1	4	2
3	1	4	2
2	4	1	3

12	0	0	12
4	8	8	4
8	4	4	8
0	12	12	0

14	4	1	15
7	9	12	6
11	5	8	10
2	16	13	3

S. m. 34

I   II   III

Fig. 72.

dans un ordre quelconque, mais à condition toutefois que les nombres *complémentaires* (**257**) soient dans les cases *correspondantes* (**249**). Par exemple, les complémentaires 2 et 3 sont dans des cases situées à égale distance du milieu de la 1re ligne. La 2e ligne se formera en renversant l'ordre de la 1re. Dans le cas d'un carré de côté supérieur à 4, la 3e ligne serait composée comme la 1re, la 4e comme la 2e, et ainsi de suite jusqu'à ce qu'on ait rempli la moitié des lignes.

La seconde moitié du carré est toujours identique à la première moitié, sauf que l'ordre des lignes pareilles est renversé. Le carré auxiliaire I ainsi obtenu est magique, puisque dans chaque ligne, colonne ou diagonale, la somme des éléments pris 2 à 2 est constante ; ici, cette somme constante est 5.

Le second carré auxiliaire II se forme à l'aide de la progression $\div 0.4.8.12$, commençant à 0 et formée avec les multiples du côté du carré. On place les termes de cette progression dans la 1re *colonne* d'un carré de 16 cases et dans un ordre quelconque, pourvu que les nombres *complémentaires* soient encore dans les cases *correspondantes*. Les autres colonnes de II se déduisent de la 1ʳᵉ, comme nous avons déduit de la 1ʳᵉ ligne de I les autres lignes de ce carré. Le carré II est également magique.

En ajoutant, dans les carrés I et II, les éléments des cases semblablement placées, on obtient le carré magique cherché (*fig.* 72—III). L'explication de ce résultat est analogue à celle donnée pour les carrés impairs (**263**).

266. III. Carrés impairement pairs. — Il n'existe pas pour ces carrés de règles aussi simples que pour les autres. Nous allons néanmoins appliquer la méthode employée pour les carrés pairement pairs, en la modifiant en conséquence. La marche que nous allons suivre, due également à La Hire, manque sans doute d'élégance, mais de cette façon les procédés employés pour les carrés de toute parité auront plus d'uniformité et partant plus de simplicité. D'ailleurs de toutes les règles connues (*) pour la formation des carrés impairement pairs, celle que nous allons exposer paraît encore la moins compliquée.

Opérant donc comme précédemment pour les carrés pairement pairs, on forme le carré I (*fig.* 73) avec les 6 premiers nombres, puis le carré II avec les termes de la progression ÷ 0. 6. 12. 18. 24. 30. En faisant .a somme de I et II, on obtient le carré III que nous

---

(*) Sauf la règle pour la formation des carrés magiques à enceintes, applicable aux carrés de toute parité, que nous exposerons dans le chapitre suivant (**270**).

allons chercher à rendre magique par une nouvelle disposition de ses éléments.

Remarquons d'abord que les carrés I et II ne sont

I

5	6	3	4	1	2
2	1	4	3	6	5
5	6	3	4	1	2
5	6	3	4	1	2
2	1	4	3	6	5
5	6	3	4	1	2

II

24	6	24	24	6	24
0	30	0	0	30	0
12	18	12	12	18	12
18	12	18	18	12	18
30	0	30	30	0	30
6	24	6	6	24	6

III

29	12	27	28	7	26
2	31	4	3	36	5
17	24	15	16	19	14
23	18	21	22	13	20
32	1	34	33	6	35
11	30	9	10	25	8

IV

29	7	28	27	12	26
32	31	3	4	36	5
23	18	15	16	19	20
17	24	21	22	13	14
2	1	34	33	6	35
11	30	10	9	25	8

V

29	7	28	9	12	26
32	31	3	4	36	5
23	18	15	16	19	20
14	24	21	22	13	17
2	1	34	33	6	35
11	30	10	27	25	8

S. m. 111

Fig. 73.

pas magiques, mais que leurs diagonales donnent la somme magique, il en est, par suite, de même de III. Cela étant, si l'on considère successivement dans chaque verticale, puis dans chaque horizontale de III, ce qui manque pour faire la somme magique 111, en laissant intacts les nombres des diagonales, on verra que pour obtenir cette somme magique, on peut échanger les éléments suivants :

1° dans la 1re ligne et la 1re colonne, les correspondants 12 et 7, 27 et 28; 2 et 32, 17 et 23;

2° dans la 2e et la dernière lignes, 4 et 3, 9 et 10; dans

la 2ᵉ et la dernière colonnes, 24 et 18, 14 et 20 (on a alors le carré IV) ;

3° les extrêmes de la 4ᵉ ligne et de la 4ᵉ colonne de IV, 17 et 14, 27 et 9. Le carré V ainsi obtenu est alors magique.

On a donc la règle suivante *applicable à un carré quelconque de côté impairement pair :* le carré III étant construit comme nous l'avons dit, on laisse à leur place *tous* les éléments des diagonales. Puis, parmi les éléments restants, on échange entre eux successivement :

1° les éléments *correspondants* dans la 1ʳᵉ *ligne* et la 1ʳᵉ *colonne;*

2° les éléments *médians* dans la 2ᵉ *et la dernière lignes, la* 2ᵉ *et la dernière colonnes;*

3° les éléments *extrêmes* dans une des deux lignes et dans une des deux colonnes *médianes.*

On pourrait choisir, au lieu de la 1ʳᵉ ligne et de la 1ʳᵉ colonne, la dernière ligne et la dernière colonne. On pourrait enfin, au lieu des deuxièmes et dernières lignes et colonnes, prendre des lignes ou des colonnes quelconques, à condition de ne pas toucher aux éléments diagonaux.

267. REMARQUE. — Lorsque, pour former un carré magique, on se sert de deux carrés auxiliaires comme nous l'avons fait, on peut s'arranger de manière à faire tomber dans une case déterminée du carré magique final tel nombre qu'on voudra.

Supposons, par exemple, que dans un carré de 5, on

veuille faire tomber le nombre 1 dans la case centrale ; il suffira de remplir la case centrale du carré **I par 1**, celle du carré II par 0 et de remplir les autres cases du carré suivant la règle donnée.

Application.

268. Problème. — *Remplir les cases vides du carré ci-dessous (fig. 74) avec les termes manquants de la suite naturelle des* 16 *premiers nombres de façon à obtenir un carré magique de* 4.

	13	•	•	6	
B	•	8	15	•	D
	7	•	•	16	
A	•	5	14	•	C

Fig. 74.

La suite des termes manquants est

(1) 1, 2, 3, 4, 9, 10, 11, 12.

Cherchons l'élément de la case A. Les éléments inscrits dans la première colonne et la dernière ligne ont respectivement pour somme 20 et 19. La somme magique étant 34, il s'agit de trouver dans la suite (1) un terme qui, ajouté à un terme de la même suite, donne 14 et qui, ajouté à un second terme, donne 15. On trouve les 4 solutions ci-après :

3.11	4.10	11.3	12.2
3.12	4.11	11.4	12.3

On vérifie facilement que la première et les deux dernières ne peuvent satisfaire au problème, par suite de l'impossibilité que présentent les éléments ultérieu-

rement déduits de donner la somme magique suivant
une certaine ligne, colonne ou diagonale. Par exemple, ayant placé 11 en A, l'élément suivant de la seconde diagonale est forcément 2, la somme des éléments inscrits de la seconde colonne est alors 15 et pour que cette colonne donnât la somme magique 34, il faudrait que l'élément de la première case fût 19, nombre non compris dans la suite donnée.

	13	12	3	6	
B	10	8	15	1	D
	7	9	2	16	
A	4	5	14	11	C

S. m. 34

Fig. 75.

La seule solution possible est donc la seconde. Ayant placé 4 en A, 10 en B, 11 en C, on remplit successivement les lignes, colonnes ou diagonales dans lesquelles il ne manque qu'un élément. On obtient de cette manière le carré magique cherché (*fig*. 75).

CHAPITRE XIV

FORMES DIVERSES DES CARRÉS MAGIQUES

§ 1. — CARRÉS MAGIQUES A ENCEINTES, A CROIX, A CHASSIS ET A COMPARTIMENTS

269. I. Carrés magiques à enceintes ou à bordures. — Ce sont des carrés magiques tels que si l'on enlève sur leur pourtour une ou plusieurs bordures composées chacune de 2 lignes et de 2 colonnes, les carrés restants sont encore magiques. La méthode employée pour la construction de ces carrés est absolument générale et s'applique à un carré de parité quelconque. En outre, elle donne un plus grand nombre de solutions que les procédés de La Hire. C'est pourquoi elle présente, en dehors de la curieuse disposition des carrés ainsi obtenus, un très grand intérêt.

270. Nous allons construire un carré de 6 dans ce nouvel ordre d'idées, à l'aide d'un carré de 4. Disposons les 36 premiers nombres sur deux lignes, de sorte que deux nombres complémentaires (**257**) soient sur une même verticale :

(1)   1 2 3 4 5 6 7 8 9 10 11 12 13 14 15 16 17 18

(2)   36 35 34 33 32 31 30 29 28 27 26 25 24 23 22 21 20 19

Formons un carré de 4 avec 16 de ces nombres : 8 quelconques de la ligne (1) et leurs 8 complémentaires de la ligne (2). Prenons par exemple 1, 2, 3, 4, 5, 6, 7, 8 et 29, 30, 31, 32, 33, 34, 35, 36. En se servant d'une des règles relatives aux carrés pairement pairs, par exemple celle du n° 261, laissant intacts les éléments 1, ..., 8 et remplaçant respectivement dans le carré obtenu 9, ..., 16 par 29, ..., 36 (ce qui est possible, car la somme magique suivant chaque ligne, chaque colonne et chaque diagonale se trouve ainsi régulièrement augmentée de $2 \times 20 = 40$), on obtient le carré magique de la figure 76 de somme 74. Le carré de 6 cherché ayant pour somme magique 111 (256), on voit que pour le construire à l'aide de ce carré de 4,

1	35	34	4
32	6	7	29
8	30	31	5
33	3	2	36

S.m. 74

Fig. 76.

nous devrons dans chaque colonne et dans chaque ligne de ce dernier ajouter deux nombres dont la somme fasse $111 - 74 = 37$, c'est-à-dire deux des nombres non employés des suites (1) et (2) qui soient complémentaires.

Parmi les nombres restants des suites (1) et (2), prenons deux nombres de la première ligne, 9 et 10, par exemple, et leurs complémentaires 28 et 27 et plaçons-les aux angles du carré de 6 de telle sorte que les complémentaires soient diagonalement opposés (*fig.* 77).

Cela fait, nous observe-

9	25	26	23	18	10
16	1	35	34	4	21
20	32	6	7	29	17
24	8	30	31	5	13
15	33	3	2	36	22
27	12	11	14	19	28

S.m. 74 et 111

Fig. 77.

rons pour remplir les autres cases vides que lorsqu'on aura pris un des nombres non employés des suites (1) et (2), on ne pourra plus se servir ultérieurement de son complémentaire, qui se trouve implicitement pris en même temps afin d'arriver à parfaire la somme constante 111 dans chaque ligne et dans chaque colonne.

Considérons maintenant la 1re ligne et la 1re colonne du carré de 6. Dans la 1re ligne, les 4 nombres restant à placer devront avoir une somme égale à $111 - (9 + 10) = 92$. Dans la 1re colonne, les 4 nombres restant à placer ont pour somme

$$111 - (9 + 27) = 75.$$

Parmi les nombres non employés,

$$11, 12, 13, 14, 15, 16, 17, 18,$$
$$26, 25, 24, 23, 22, 21, 20, 19$$

cherchons-en 4 dont la somme soit 92 : nous trouvons, par exemple, 26, 25, 23 et 18. Plaçons ces nombres dans la 1re ligne et dans un ordre quelconque, et dans la dernière ligne, les complémentaires de ceux-là.

Enfin, parmi les nombres qui restent, cherchons-en 4 dont la somme soit 75 : 16, 20, 24 et 15, par exemple, et plaçons-les dans la 1re colonne, leurs complémentaires étant inscrits dans la dernière colonne. Il est à remarquer que parmi ces 4 derniers éléments, on ne pourrait pas faire figurer les groupes suivants : **21** et **17, 22** et **16, 24** et **14** dont la somme est **38,** car les 2 autres éléments auraient pour somme 37 et devraient, par suite, être complémentaires, contrairement à la remarque que nous avons faite.

On obtient ainsi le carré de 6 cherché (*fig.* **77**), dans lequel la bordure est entourée d'un trait fort. Il peut évidemment y avoir un grand nombre de solutions.

271. REMARQUE. — Le carré de 4 de la figure 76 pourrait être formé d'une façon moins générale, mais plus commode et donnant des résultats plus réguliers, en prenant pour ses éléments, non plus 8 termes quelconques de la suite 1, 2, ..., 35, 36 et leurs complémentaires, mais les 16 termes moyens de cette suite, c'est-à-dire les nombres 11, 12, ..., 17, 18 et 26, 25, ..., 19, 18.

272. On opérera d'une manière analogue pour un carré de côté quelconque en procédant de proche en proche. Pour trouver un carré à enceinte de 8, par exemple, **on formera** successivement un carré de 4 avec 8 des 64 premiers nombres et leurs complémentaires, puis un carré de 6 avec ce carré de 4 et 20 des nombres restants, et enfin un carré de 8. La figure 78 montre un carré de 8 construit de cette manière. Si l'on enlève successivement une et deux bordures à ce carré magique, les carrés restants sont encore magiques.

19	44	43	42	41	26	25	20
37	9	53	54	51	18	10	28
36	16	1	63	62	4	49	29
34	48	60	6	7	57	17	31
32	52	8	58	59	5	13	33
30	15	61	3	2	64	50	35
27	55	12	11	14	47	56	38
45	21	22	23	24	39	40	46

S. m. 130, 195, 260

Fig. 78.

Pour construire un carré à enceinte de 7, on formerait successivement les carrés de 3, 5 et 7.

273. II. Carrés magiques à croix et à châssis. — Etant donné un carré magique à enceinte, on peut toujours le transformer en carré magique *à croix* ou *à châssis*. Soit, en effet, pour fixer les idées, le carré de 6 obtenu précédemment (*fig.* 77). Décomposons le carré intérieur de 16 cases : 1° soit en 4 carrés égaux ; 2° soit en un carré de 4 cases, 4 carrés de 1 case et 4 rectangles de 2 cases et disposons ces différentes parties dans un carré de 36 cases, où nous les isolerons par un trait

1	35	16	21	34	4
32	6	20	17	7	29
25	26	9	10	23	18
12	11	27	28	14	19
8	30	24	13	31	5
33	3	15	22	2	36

S. m. 111

Fig. 79.

1	16	35	34	21	4
25	9	26	23	10	18
32	20	6	7	17	29
8	24	30	31	13	5
12	27	11	14	28	19
33	15	3	2	22	36

S. m. 111

Fig. 80.

fort comme il est indiqué aux figures 79 et 80. Nous placerons les nombres de la bordure du carré donné de telle sorte que les diagonales, les lignes et les colonnes des carrés des figures 79 et 80 conservent toujours les mêmes éléments que dans le carré à enceinte ; comme conséquence, l'ordre des éléments compris dans chacune de ces directions et l'ordre des lignes et des colonnes du carré à enceinte devront être modifiés comme il est indiqué de façon à satisfaire à cette condition. Les carrés ainsi obtenus sont évidemment magiques.

La figure 79 représente un carré magique à croix, la figure 80 un carré magique à châssis. Ces carrés magiques sont donc tels que si on réunit les parties entourées d'un trait fort, on obtient encore un carré magique.

Inversement, étant donné un carré à croix ou à châssis, on peut toujours en déduire un carré à enceinte.

274. III. Carrés magiques à compartiments. — On appelle ainsi des carrés magiques qu'on peut diviser en un certain nombre de carrés qui soient encore magiques.

Soit à construire, par exemple, un carré magique de 8 qui soit divisible en 4 carrés magiques de 4. Partageons les nombres de 1 à 64 en 8 séries de 8 nombres consécutifs chacune. Formons 4 carrés de 4 chacun, avec deux de ces séries qui soient complémentaires (c'est-à-dire, dans l'ordre naturel, la 1re et la 8e, la 2e et la 7e, la 3e et la 6e, la 4e et la 5e) et assemblons-les comme il est indiqué sur la figure 81. Tous ces carrés partiels ont pour somme magique 130. Le carré total, qui est évidemment magique, aura bien, comme cela doit

1	63	62	4	9	55	54	12
60	6	7	57	52	14	15	49
8	58	59	5	16	50	51	13
61	3	2	64	53	11	10	56
17	47	46	20	25	39	38	28
44	22	23	41	36	30	31	33
24	42	43	21	32	34	35	29
45	19	18	48	37	27	26	40

S. m. 130 et 260

Fig. 81.

être, 260 pour somme magique. Enfin, on remarquera que dans ce carré de 8 à compartiments, on peut échanger deux carrés partiels d'une façon quelconque, sans que le carré total cesse de rester magique.

275. Le côté d'un carré magique à compartiments doit évidemment être composé, c'est-à-dire non premier.

On verra facilement qu'un carré de 6 ne peut se subdiviser en plusieurs carrés magiques.

Pour le carré de 9, on pourra partager les 81 premiers nombres en 9 progressions arithmétiques, de chacune 9 termes et de raison 9

$$\div 1 \ \ 10.19\ldots.73; \qquad \div 2.11.20\ldots.74;$$
$$\ldots; \qquad \div 9.18.27\ldots.81.$$

11	74	29	18	81	36	13	76	31
56	38	20	63	45	27	58	40	22
47	2	65	54	9	72	49	4	67
16	79	34	14	77	32	12	75	30
61	43	25	59	41	23	57	39	21
52	7	70	50	5	68	48	3	66
15	78	33	10	73	28	17	80	35
60	42	24	55	37	19	62	44	26
51	6	69	46	1	64	53	8	71

S.m. 111, 114, ..., 135 et 369

Fig. 82.

On disposera magiquement les nombres de chacune de ces 9 séries dans un carré de 3. Les carrés obtenus auront respectivement pour sommes magiques 111, 114, 117, 120, 123, 126, 129, 132, 135.

Ces 9 nombres formant une progression arithmétique, nous pourrons les disposer magiquement, de même que les carrés de 3 correspondants, sur le modèle d'un carré de 3. On obtient ainsi finalement le carré magique de la figure 82 qui est, comme on le voit, divisé en 9 carrés magiques partiels de 3. Mais on ne pourra plus ici, comme dans le carré de 8, échanger les carrés partiels.

Ces deux exemples suffisent pour donner une idée de la marche à suivre dans le cas d'un carré à compartiments de côté plus élevé.

§ 2. — CARRÉS DIABOLIQUES ET HYPERMAGIQUES

Préliminaires.

276. Avant d'entreprendre l'étude des carrés diaboliques et hypermagiques, nous établirons quelques définitions qui, en outre des curieux résultats qui en découlent immédiatement, nous serviront par la suite. Pour faciliter le langage, nous emploierons à cet effet un carré de 5, bien qu'il ne soit pas indispensable, à moins d'indication contraire, que le côté soit un nombre premier.

Tout d'abord, nous démontrerons deux propositions qui nous serviront constamment.

277. I. — *Etant donnés un nombre premier,* 5 *par exemple, un nombre quelconque non multiple de* 5, *soit* 8, *si l'on divise par* 5 *les termes de la progression arithmétique*

$$(1) \qquad \div\, 0\,.\, 1\times 8\,.\, 2\times 8\,.\, 3\times 8\,.\, 4\times 8,$$

on obtiendra pour restes (ou résidus) les nombres

(2)   0, 1, 2, 3, 4

dans un certain ordre.

En premier lieu, aucun terme de la suite (1) ne contenant le facteur premier 5 ne peut donner le résidu 0. En second lieu, deux termes de la suite (1) ne peuvent donner deux résidus égaux, car en faisant cette supposition, leur différence, qui est elle-même un terme de la suite (1), donnerait le résidu 0 et nous venons de voir que cela est impossible. Ainsi, les résidus fournis par la suite (1) sont tous différents et aucun d'eux n'est 0 ; d'ailleurs, ces restes sont tous inférieurs au diviseur 5. Donc ils ne sont autre chose, abstraction faite de l'ordre, que les termes de la suite (2).

Il convient d'observer que si la progression (1) était prolongée au-delà de 4×8, les restes de la division de ses termes par 5 formeraient une suite constituée par la série indéfiniment répétée des nombres (2) dans un certain ordre. Si l'on considère en effet, par exemple, la portion suivante de cette progression

$\div \ldots 45 \times 8 \cdot 46 \times 8 \cdot 47 \times 8 \cdot 48 \times 8 \cdot 49 \times 8 \ldots,$

on remarque que ses termes peuvent s'écrire

$\div \ldots (45 \times 8 + 0 \times 8) \cdot (45 \times 8 + 1 \times 8) \cdot (45 \times 8 + 2 \times 8).$

$$(45 \times 8 + 3 \times 8) \cdot (45 \times 8 + 4 \times 8 \ldots.$$

Les restes de la division par 5 de ces 5 nombres sont évidemment identiques aux résidus de la suite (1) (181).

278. II. — *Etant donnés un nombre premier, 5, un nombre non multiple de 5, 8, et un troisième nombre quelconque, 9 par exemple, si l'on divise par 5 les termes*

de la progression arithmétique

$$(1) \qquad \div 9 \,.\, (9+1\times8) \,.\, (9+2\times8) \,.\, (9+3\times8) \,.\, (9+4\times8),$$

on obtiendra pour résidus, abstraction faite de l'ordre, les nombres

$$(2) \qquad\qquad 0, 1, 2, 3, 4.$$

La différence de deux termes quelconques de la suite (1), qui est le produit de 8 par un nombre inférieur à 5, ne peut être divisible par le nombre premier 5 ; d'après cela, en raisonnant comme au n° précédent, on voit que deux termes de la suite (1) ne peuvent donner le même résidu. D'ailleurs les 5 nombres de la suite (1) fournissent des résidus inférieurs au diviseur 5 ; donc ces résidus sont nécessairement les termes de la suite (2).

On pourrait faire ici la même remarque que celle faite à la fin du n° précédent.

279. Lignes arithmétiques. — Soit le carré OMNP de 25 cases, chacune des cases contenant un élément (*fig.* 83). Supposons ce carré reproduit par juxtaposition identiquement et indéfiniment dans tous les sens et donnons à partir de 0 aux colonnes de droite à gauche et aux lignes de haut en bas les numéros 0, 1, 2, 3, 4 ; 5, 6, 7, 8, 9 ; …. La position d'une case quelconque est donnée par l'intersection d'une colonne et d'une ligne déterminées. Nous désignerons donc une case par une

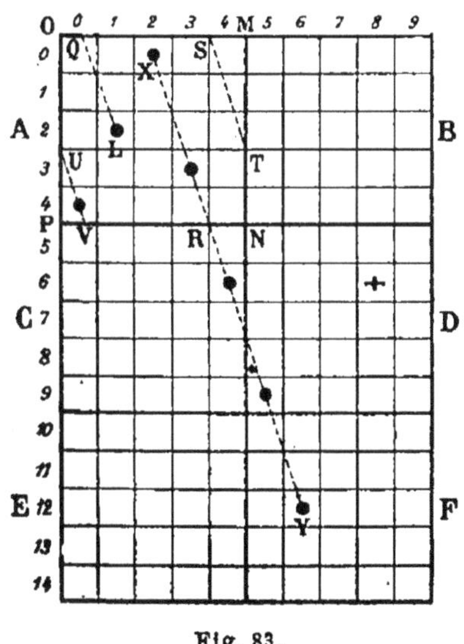

Fig. 83.

parenthèse renfermant le numéro de la colonne et de la ligne correspondantes. Ainsi, la case (8,6) est la case marquée d'une croix qui se trouve à l'intersection de la 8ᵉ colonne et de la 6ᵉ ligne. Le même symbole désignera aussi l'élément que la case renferme.

Nous conseillerons, pour suivre plus aisément la présente étude, de reproduire sur du papier quadrillé les carrés de la figure 83 en augmentant leur nombre si cela est nécessaire et d'écrire, suivant les lignes, dans les cases de chacun de ces carrés les 25 éléments 0, 1, 2, ..., 24 dans leur ordre naturel. (Voir plus loin la fig. 92).

Cela posé, considérons la droite joignant les centres de deux cases quelconques du carré *origine* OMNP, par exemple les cases (2, 0) et (3, 3). Cette droite détermine une certaine direction géométrique qu'on peut définir par son *pas*, c'est-à-dire pour le cas présent, le déplacement résultant d'un déplacement horizontal égal à une largeur de case et d'un déplacement vertical de 3 largeurs. Il est facile de trouver les centres des cases rencontrés par cette droite XY. Partant de la case supérieure (2, 0), il suffit d'augmenter le nᵒ de la colonne d'une unité et celui de la ligne de 3 unités. On a ainsi les 5 cases équidistantes

$$(2, 0), \ (3, 3), \ (4, 6), \ (5, 9), \ (6, 12).$$

280. On peut arriver à ce résultat d'une autre manière en remarquant que le nᵒ de la colonne d'une case quelconque rencontrée par la droite XY s'obtient en ajoutant à 2, nᵒ de la colonne de la case initiale, le produit de 1 par le rang occupé sur la droite XY par la case considérée, la première case étant numérotée 0 ; le nᵒ de la ligne de la même case s'obtient en ajoutant à 0, n° de la ligne de la case initiale, le produit de 3 par le rang de la case considérée sur XY.

281. Si la case initiale est $(0, 0)$ pour la même direction de pas $(1, 3)$, on voit qu'il suffit pour obtenir les n°ˢ d'une case rencontrée par la droite considérée, de faire les produits de 1 et 3 par le rang de la case sur cette droite, *la première case étant numérotée* 0. Ainsi la case n° 4 de la droite joignant les cases $(0,0)$ et $(1,3)$ sera $(4 \times 1, 4 \times 3)$ et nous l'indiquerons par l'expression suivante : $4 (1,3)$, où 4 est en quelque sorte mis en facteur commun.

282. On peut d'ailleurs ramener la construction précédente au carré origine OMNP ou A. En effet, la case $(4, 6)$ est placée dans le carré C comme la case $(4, 1)$ du carré A, la case $(5,9)$ du carré D comme la case $(0, 4)$ de A, la case $(6, 12)$ de F comme la case $(1, 2)$ de A. Ces cases ainsi semblablement placées deux à deux renferment d'ailleurs les mêmes éléments, puisque tous les carrés juxtaposés sont identiques, et à une case quelconque du plan correspond une seule case du carré origine contenant le même élément. Enfin les n°ˢ des lignes et des cases correspondantes du carré origine sont les résidus (restes de la division par 5) des n°ˢ des lignes et des colonnes se croisant sur les cases des autres carrés rencontrées par XY.

On remarquera que la case qui suit la 5ᵉ de la droite XY, c'est-à-dire la case $(7, 15)$ ou $(2+1\times5, \ 0+3\times5)$ (280), est placée dans le carré formant suite au carré F comme la case initiale $(2, 0)$ dans A et contient par suite le même élément ; donc sur la droite choisie on retombe de 5 en 5 sur le même élément et cela a lieu pour une droite quelconque. Il en résulte qu'une droite telle que XY renferme au plus autant d'éléments différents qu'il y a d'unités dans le côté du carré. *Si le carré a pour côté un nombre premier, une pareille droite a toujours autant d'éléments distincts que ce nombre renferme d'unités.*

En effet, pour la ligne XY déjà considérée, les n^os des lignes et des colonnes des cases rencontrées forment deux progressions arithmétiques de raisons respectives 1 et 3 et nous savons que les résidus dans chaque progression sont (277, 278), abstraction faite de l'ordre, les 5 nombres différents 0, 1, 2, 3, 4.

Il convient cependant de faire une restriction, pour le cas où le pas avec lequel on marche sur la ligne arithmétique considérée a pour déplacements soit 0 et un multiple de 5, soit deux multiples de 5, car on rencontre alors toujours le même élément.

283. On déduit de ce qui précède la marche générale à suivre pour trouver les cases du carré origine, que nous supposons comme précédemment de côté 5, correspondant aux cases des autres carrés rencontrées par la droite considérée XY, sans avoir à construire ces derniers carrés :

284. 1° Si l'on veut se servir d'un procédé graphique, on prolonge la droite (2, 0)-(3, 3), jusqu'à ce qu'elle rencontre PN en R (*fig.* 83), puis on prend sur le côté *opposé* OM, SM = RN et on mène ST parallèle à XR; on prend, toujours sur le côté opposé, PU = NT, et on mène UV parallèle à XR, et ainsi de suite, jusqu'à ce qu'on ait rencontré les centres de 5 cases, qui sont les cases correspondant à la direction et à la case initiale considérées.

Nous désignerons indistinctement l'ensemble des droites ainsi menées XR, ST, UV, QL ou la droite XY correspondante, par l'expression *ligne arithmétique* relative à la direction et à la case initiale choisies. A une direction géométrique déterminée, correspondent donc plusieurs lignes arithmétiques.

L'idée de ces lignes et de la recherche de leurs éléments ramenée au carré origine est due à M. Arnoux.

285. 2° Si, au contraire, on veut employer une méthode numérique, les n^os des cases cherchées seront donnés par les résidus (restes de la division par 5) des n^os des colonnes et des lignes des cases correspondantes des autres carrés.

Cette règle est encore applicable dans le cas de la ligne arithmétique correspondant à une droite joignant deux cases absolument quelconques du plan et telle que les déplacements composant son pas soient supérieurs à 5 largeurs de case. On peut alors, en effet, ramener ce pas à un autre dont les déplacements soient inférieurs à 5 largeurs de case et tel que la ligne correspondante passe encore par les mêmes cases : il suffit de prendre pour ces derniers déplacements les résidus des premiers. Ainsi les pas (13, 16) et (3, 1) sont équivalents, car si nous partons, par exemple, de la case (0,0) les colonnes 13 et 3, les lignes 16 et 1 renfermant respectivement les mêmes éléments, les cases placées, l'une à l'intersection de la colonne 13 et de la ligne 16, et l'autre à l'intersection de la colonne 3 et de la ligne 1 contiennent le même élément ; de même pour les cases suivantes.

*Il en résulte qu'une ligne arithmétique correspondant à une droite qui joint deux cases quelconques du **plan** peut toujours se ramener à une ligne du carré **origine** contenant les mêmes éléments et dans le même ordre.* Ainsi la ligne (6,11)-(19,27) renferme les mêmes éléments et dans le même ordre que la ligne (1,1)-(4,2).

286. Directions principales. — Nous considérerons ici un carré dont le côté est un nombre premier, 5 par exemple. Supposons, comme on peut toujours le faire, que les droites représentant les directions géométriques partent de la case origine (0, 0). Une direction sera alors complètement déterminée par la 2e case. Ainsi la direction (4, 2) sera la direction correspondant à la droite (0, 0)-(4, 2).

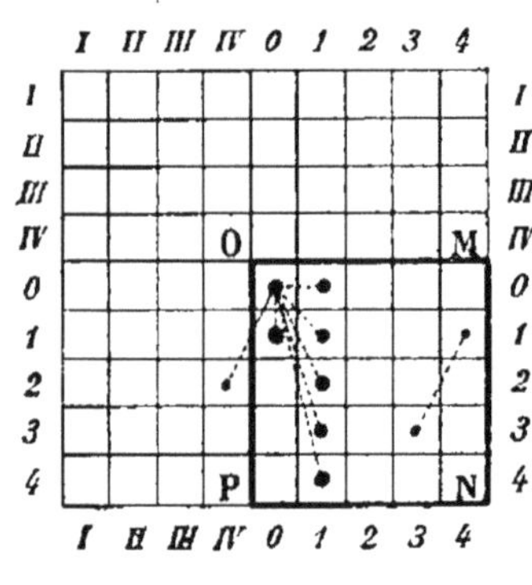

Fig. 84.

Enfin, nous donnerons comme précédemment les nos 0, 1, 2, 3, 4,... à partir de 0 aux colonnes de gauche à droite et aux lignes de haut en bas et pour distinguer, les nos IV, III, II, I à partir de 0 aux colonnes de droite à gauche et aux lignes de bas en haut (*fig.* 84).

Cela posé, si nous joignons le centre de la case origine (0, 0) à tous les centres des cases du tableau de la figure 84, nous aurons ainsi absolument toutes les *directions* qu'on peut obtenir dans un carré de 5 en joignant les centres de deux cases quelconques. Ainsi la direction (4,1)-3, 3) est la même que la direction (0, 0)-(IV, 2).

287. Parmi ces directions, considérons les suivantes :
$$(1,0), (1,1), (1,2), (1,3), (1,4), (0,1),$$
données par les droites joignant la case $(0,0)$ aux 5 cases
de la colonne 1 et à la 2ᵉ case de la colonne 0. Ces directions *sont au nombre de* $5+1$; nous les appellerons
principales. Les lignes arithmétiques correspondant aux
$(5+1)$ droites tracées seront les *lignes arithmétiques
principales* ; les cases rencontrées par ces lignes sont
respectivement (**281, 282, 285**) :

Ligne principale $(1,0)$ — Cases $(0,0), (1,0), (2,0), (3,0), (4,0)$.

    — $(1,1)$ — $(0,0), (1,1), (2,2), (3,3), (4,4)$.

    — $(1,2)$ — $(0,0), (1,2), (2,4), (3,1), (4,3)$.

    — $(1,3)$ — $(0,0), (1,3), (2,1), (3,4), (4,2)$.

    — $(1,4)$ — $(0,0), (1,4), (2,3), (3,2), (4,1)$.

    — $(0,1)$ — $(0,0), (0,1), (0,2), (0,3), (0,4)$.

On voit que les lignes arithmétiques principales rencontrent *toutes* les cases du carré origine, deux quelconques d'entre elles n'ayant pas d'autre case commune
que la case $(0,0)$.

288. Étant donnée une direction quelconque du carré
origine, si nous menons dans cette direction 5 lignes
arithmétiques dont la case initiale soit prise parmi 5
cases consécutives d'une même ligne ou d'une même
colonne ou bien encore d'une même ligne arithmétique, on verra de même que ces 5 lignes rencontrent
toutes les cases du carré, deux quelconques d'entre ces
lignes n'ayant pas de case commune. Toute ligne
arithmétique qu'on pourra mener dans la direction considérée à partir d'une case quelconque contiendra les
mêmes éléments et dans le même ordre qu'une de ces
5 lignes, car elle a même pas et la case considérée

appartient aussi forcément à l'une de ces lignes. A une direction donnée correspondent donc seulement 5 lignes arithmétiques *distinctes*, c'est-à-dire composées d'éléments différents.

289. Outre les directions propres du carré origine, qui sont en nombre limité (**286**), on peut considérer encore une infinité d'autres directions, celles des droites joignant deux cases quelconques prises dans le plan indéfiniment recouvert de carrés identiques. En se reportant à ce qui a été dit aux n°ˢ **285** et **288**, on verra : 1° que, comme pour les directions propres du carré origine, à chacune de ces nouvelles directions correspondent 5 lignes arithmétiques distinctes, et 2° que ces 5 lignes arithmétiques peuvent se ramener à 5 lignes arithmétiques distinctes du carré origine qui constituent elles-mêmes une direction de ce carré et qui contiennent les mêmes éléments et dans le même ordre que les 5 premières.

Ainsi *toutes les directions du plan se ramènent d'abord aux directions du carré origine.*

290. Enfin, nous ramènerons une direction quelconque du carré origine à une direction principale de ce carré à l'aide de cette proposition :

Deux lignes arithmétiques ayant même case initiale et un élément commun renferment les mêmes éléments.

Ainsi, la ligne principale (1,3) et la ligne (2,1), qui ont même origine (0,0) et un élément commun, celui de la case (1,3) pour la première, celui de la case 3(2,1) pour la deuxième, renferment les mêmes éléments.

En effet, les cases rencontrées par la première ligne sont (**281**)

(1)   (0,0),   (1,3),   2(1,3),   3(1,3),   4(1,3),   .. ;

les éléments contenus dans ces 5 premières cases se reproduisent ensuite indéfiniment dans le même ordre (**282**).

Les cases rencontrées par la seconde ligne sont

(2)   (0,0),   (2,1),   2(2,1),   3(2,1),   4(2,1),   ... ;

les éléments contenus dans ces 5 premières cases se reproduisent ensuite indéfiniment et dans le même ordre. Or au lieu du pas $(2,1)$, prenons maintenant le pas $3(2,1)$ ou $(3\times2, 3\times1)$ dont les déplacements sont les multiples de ceux du précédent et sont déterminés par la position de la case commune, nous resterons évidemment sur la ligne $(2,1)$; les 5 premiers éléments rencontrés seront contenus dans les cases

(3) (0,0), $(3\times2,3\times1)$, $2(3\times2,3\times1)$, $3(3\times2,3\times1)$, $4(3\times2,3\times1)$

et seront tous différents (**282**). Bien que dans un autre ordre, ces éléments sont évidemment les mêmes que ceux des cases (2).

Mais, par hypothèse, l'élément contenu dans la case $3(2,1)$ de (3) est le même que celui contenu dans la case $(1,3)$ de (1) ; les résidus de 3×2 et 3×1 sont par suite 1 et 3 (**282**). Il en résulte, d'après le n° **285**, que la ligne (3) de pas $(3\times2, 3\times1)$ rencontre les mêmes éléments et dans le même ordre que la ligne (1) de pas $(1,3)$. Les deux lignes considérées $(2,1)$ et $(1,3)$ contiennent donc les mêmes éléments.

De plus, si l'on parcourt la ligne $(2,1)$ avec le pas

3(2,1) les éléments successivement rencontrés **sont** dans le même ordre que ceux de la ligne (1,3).

La démonstration serait analogue dans le cas où la case initiale commune serait une case quelconque du carré.

291. Nous appellerons ces lignes des *transformées réciproques* : l'une d'elles est la transformée de l'autre ; elles sont composées des mêmes éléments, mais·elles ont en général une direction différente. En particulier, pour qu'une ligne arithmétique soit transformée d'une verticale ou d'une horizontale, il suffit que sa case initiale soit sur cette horizontale ou sur cette verticale et que des deux nombres représentant son pas, l'un soit 0 ou multiple de 5.

D'après ce que nous avons vu au n° précédent, on pourra toujours faire en sorte que les éléments de deux transformées soient disposés dans le même ordre en choisissant pour l'une d'elles, qu'on suppose prolongée suffisamment, un pas dont les déplacements soient des multiples de ceux du pas donnant la suite naturelle de ses éléments. Ainsi pour les lignes (1,3) et (2,1) considérées plus haut on conservera pour la première la suite naturelle des cases qu'elle rencontre, et pour la seconde, on sautera de 3 en 3 cases.

Nous remarquerons à ce sujet qu'on peut marcher sur une ligne arithmétique déterminée seulement de $5-1$ pas distincts donnant chacun 5 éléments différents. Par exemple, sur la ligne (2,1) en sautant de 1 en 1, de 2 en 2, de 3 en 3, de 4 en 4 cases, ou ce qui revient au même, en marchant avec les pas (2,1), 2(2,1), 3(2,1), 4(2,1) on obtient 4 séries composées des mêmes 5 éléments, mais qui diffèrent par l'ordre de ces éléments. Si l'on saute de 5 en 5 cases, on rencontre toujours le même élément. Enfin, si l'on saute de 6 en 6, de 7 en 7, ... cases, il est évident qu'on doit retrouver identiquement les mêmes séries qu'en sautant de 1 en 1, de 2 en 2, ... cases.

292. Si la propriété établie ci-dessus (**290**) a lieu pour deux lignes comprises chacune dans une direction déterminée, on voit facilement qu'elle subsiste pour les quatre autres lignes distinctes d'une des deux directions, assemblées deux à deux avec les quatre autres lignes de la seconde direction. Donc : *Si une direction contient une ligne arithmétique ayant avec une ligne d'une autre direction une même origine et un élément commun, les deux directions ont leurs lignes arithmétiques distinctes composées deux à deux des mêmes éléments.*

Nous dirons alors, comme pour les lignes arithmétiques, que ces deux directions sont transformées réciproques.

293. On pourra toujours prendre, pour origine de l'une des lignes arithmétiques distinctes d'une direction, la case (0,0). Par suite, cette ligne devra avoir pour transformée une des lignes arithmétiques principales, car ces dernières passent par toutes les cases du carré et en outre par la case (0,0). On peut donc ramener une direction quelconque du carré à une direction principale, qui est sa transformée.

Ainsi, en définitive, *une direction quelconque du*

plan se ramène à une direction principale du carré origine.

En se reportant aux n^os **289** et **291**, on voit de plus que les lignes arithmétiques distinctes des $5+1$ directions principales contiennent, en utilisant leurs $5-1$ pas différents (**291**), absolument toutes les dispositions concernant la nature et l'ordre des éléments qu'on peut rencontrer dans les lignes arithmétiques d'une direction quelconque du plan.

294. Lignes et directions magiques. — Une ligne arithmétique est *magique* quand la somme des éléments qu'elle contient donne la somme magique. Une direction est *magique* lorsque ses lignes arithmétiques distinctes sont toutes magiques.

Il résulte de ce que nous avons dit plus haut que *l'étude des directions magiques dans le plan supposé indéfiniment recouvert de carrés identiques juxtaposés se ramène à l'étude des directions principales magiques du carré origine dont le côté est supposé être un nombre premier;* en particulier, *l'étude des directions magiques d'un pareil carré se ramène à celle de ses directions principales magiques.*

295. Remarquons enfin que la direction de la deuxième diagonale du carré considéré, c'est-à-dire la direction (IV, 1) (*fig.* 84) et la direction principale (1,4) sont transformées réciproques, car les lignes arithmétiques (IV, 1) et (1,4) qui ont même origine et un élément commun (1,4) ou (I, 4), le sont elles-mêmes. Ces deux directions sont donc magiques ou non en même temps.

Carrés semi-diaboliques.

296. On appelle ainsi des carrés qui *restent* magiques si l'on intervertit les deux fragments rectangulaires égaux en lesquels on peut diviser ces carrés. Ainsi le carré de 4 de la figure 85 jouit de cette propriété : en intervertissant ses deux moitiés verticales, on obtient le carré de la figure 86 qui est encore magique.

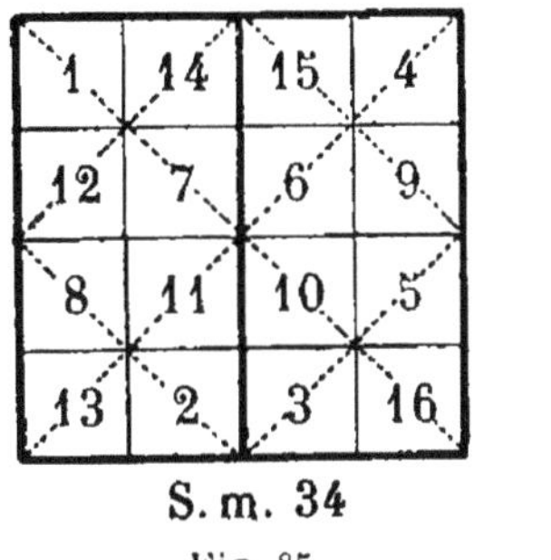

S. m. 34

Fig. 85.

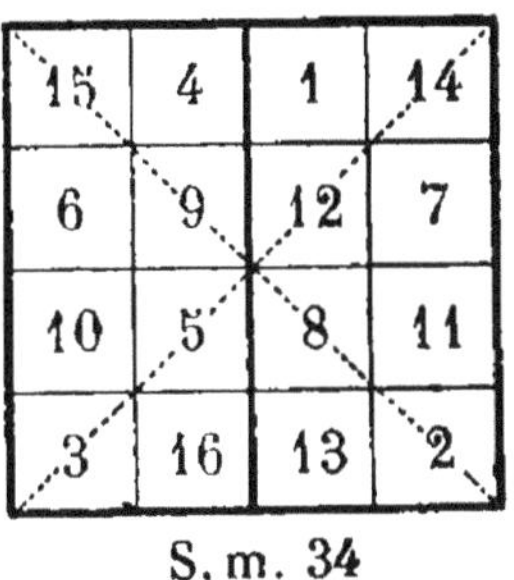

S. m. 34

Fig. 86.

Lorsque le carré est de côté impair, on n'échange que les lignes ou les colonnes placées de chaque côté de la ligne ou de la colonne centrale qui reste en place.

On peut définir autrement les carrés semi-diaboliques : ce sont des carrés magiques tels que la somme d'autant d'éléments qu'il y a d'unités dans le côté du carré pris parallèlement à une diagonale et à égale distance de cette diagonale donne la somme magique. Ainsi, dans le carré déjà considéré (*fig.* 85)

$$12 + 14 + 5 + 3 = 34, \qquad 15 + 9 + 8 + 2 = 34.$$

Les deux définitions sont d'ailleurs équivalentes, car on voit sur le carré magique de la figure 86 que, de par la construction même, les nombres 12, 14, 5 et 3 par exemple, sont venus se placer suivant la deuxième diagonale du second carré, qui est supposé **rester** magique.

Dans un carré de côté impair, de côté 5 par **exemple**, l'élément central ne changeant pas, on devra le comprendre dans la somme des 5 éléments pris parallèlement aux diagonales.

La règle de Bachet pour les carrés impairs donne des carrés semi-diaboliques. On se l'explique facilement, car pour le carré de 5 par exemple (*fig*. 69, I), les éléments 24, 4, 2, 22 tels que leur somme avec 13 doit donner la somme magique 65 sont placés à l'extérieur du carré symétriquement par rapport au centre. Par suite, $22+4 = 13\times2$, $24+2 = 13\times2$ et la somme des 5 termes est bien $13\times5 = 65$.

La règle particulière exposée pour les carrés pairement pairs (**261**) donne également, comme on le voit aisément, des carrés semi-diaboliques.

Carrés diaboliques.

297. Les carrés diaboliques sont des carrés qui restent

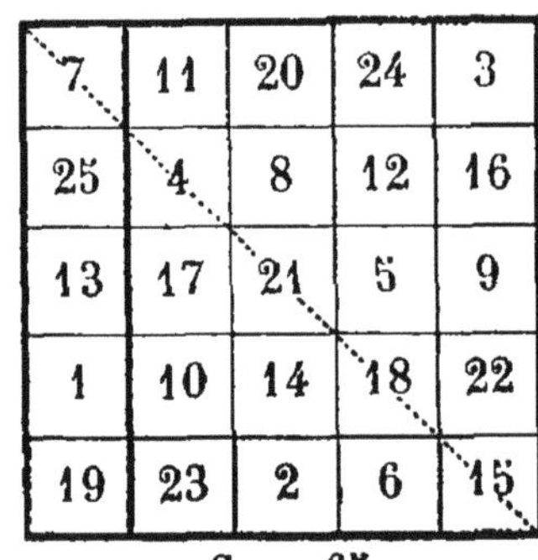

S. m. 65   S. m. 65

Fig. 87.   Fig. 88.

magiques quand, les ayant coupés par une parallèle à

un côté en deux portions inégales, on permute les deux
portions obtenues. Ainsi le carré de 5 de la figure 87
est diabolique, car si l'on échange la 5e colonne et
les 4 colonnes précédentes, on obtient le carré de la
figure 88 qui est encore magique.

On peut encore définir un carré diabolique de la façon
suivante : c'est un carré tel que les *directions* de l'horizontale, de la verticale et des deux diagonales sont
magiques (*). Ainsi, nous avons pour la ligne arithmétique $(0,4)$-$(1,1)$ par exemple, qui appartient à la direction de la première diagonale,

$$7 + 4 + 21 + 18 + 15 = 65.$$

Ces deux définitions sont d'ailleurs équivalentes,
car la permutation des deux portions du premier carré
une fois effectuée, les éléments considérés 7, 4, 21,
18, 15 sont placés suivant la première diagonale du
second carré, qui est supposé devoir rester magique.

Il est assez souvent facile de transformer un carré
semi-diabolique en carré diabolique.

Soit d'abord un carré semi-diabolique dont la racine
est un nombre premier obtenu par la méthode de Bachet. Il suffit de modifier l'ordre de ses colonnes de
manière qu'elles se succèdent comme suit : 1re colonne,
1re colonne après la colonne centrale, 2e colonne,
2e colonne après la colonne centrale, et ainsi de suite
pour finir par la colonne centrale. Par exemple, pour
le carré de 5, le nouvel ordre des colonnes sera : 1re,
4e, 2e, 5e et 3e. Ainsi le carré semi-diabolique de la

(*) Un carré diabolique de côté premier, égal à 5 par exemple,
pourra encore se définir ainsi : C'est un carré magique dont les directions principales $(1,0)$, $(1,1)$, $(1,4)$, $(0,1)$ sont magiques (287, 295).

figure 69 donnera le diabolique de la figure 87. Nous exposerons d'ailleurs dans les deux numéros suivants une méthode qui permet de trouver tous les diaboliques de côté premier.

Considérons encore le carré semi-diabolique de 4 de la figure 85. Échangeons la 3ᵉ et la 4ᵉ colonnes (*fig.* 89),

<table>
<tr><td>1</td><td>14</td><td>4</td><td>15</td></tr>
<tr><td>12</td><td>7</td><td>9</td><td>6</td></tr>
<tr><td>8</td><td>11</td><td>5</td><td>10</td></tr>
<tr><td>13</td><td>2</td><td>16</td><td>3</td></tr>
</table>

Fig. 89.

<table>
<tr><td>1</td><td>14</td><td>4</td><td>15</td></tr>
<tr><td>8</td><td>11</td><td>5</td><td>10</td></tr>
<tr><td>13</td><td>2</td><td>16</td><td>3</td></tr>
<tr><td>12</td><td>7</td><td>9</td><td>6</td></tr>
</table>

S. m. 34

Fig. 90.

puis faisons passer la 2ᵉ ligne au dernier rang. On obtient ainsi un carré diabolique de 4 (*fig.* 90).

Carrés hypermagiques.

298. M. Arnoux appelle *hypermagiques* les carrés possédant le plus grand nombre possible de directions magiques. En considérant un carré de côté premier, il arrive à cette conclusion inattendue que *le carré dont les éléments sont constitués par les nombres entiers consécutifs écrits dans leur ordre naturel possède précisément cette propriété d'avoir toutes ses directions principales magiques sauf deux.* Mais ces deux directions principales sont justement celles de l'horizontale et de la verticale suivant lesquelles on est habitué d'ordinaire à trouver la somme magique ; c'est assurément ce qui avait empêché jusqu'alors de faire cette remarque.

Soit en effet (*fig.* 91), pour simplifier, un carré de 5 dont les cases aient pour éléments les nombres 0, 1, 2, 3, ..., 23, 24. La progression commençant à 0, la somme magique est ici

$$\frac{5^2-1}{2}\times 5 = \frac{(5-1)5(5+1)}{2}$$

(256, 98).

0	1	2	3	4
5	6	7	8	9
10	11	12	13	14
15	16	17	18	19
20	21	22	23	24

Fig. 91.

Considérons dans ce carré une ligne arithmétique principale, (1.3) par exemple. Elle rencontre les cases (281, 285)

$$(0,0),\quad (1,3),\quad (2,1),\quad (3,4),\quad (4,2)$$

où les colonnes et les lignes ont pour numéros 0, 1, 2, 3, 4 dans un certain ordre. Ces cases contiennent respectivement les éléments

$$0,\quad 1+3\times 5,\quad 2+1\times 5,\quad 3+4\times 5,\quad 4+2\times 5,$$

dont la somme est

$$1+2+3+4+(1+2+3+4)5 = (1+2+3+4)(5+1) = \frac{(5-1)5(5+1)}{2},$$

c'est-à-dire précisément la somme magique ; de même pour les quatre autres lignes *distinctes* (288) de la direction principale considérée, qui est, par suite, magique. On verra pareillement que toutes les autres directions principales sont magiques à l'exception de l'horizontale et de la verticale. Pour celles-là, en effet, la ligne et la colonne centrales peuvent *seules* donner la somme magique, les deux directions principales correspondantes ne sont donc pas magiques.

Nous avons considéré des lignes arithmétiques partant de l'origine, mais la conclusion serait la même pour une ligne arithmétique partant d'une case quelconque. Soit, par exemple, la ligne de pas (1,2), appartenant par suite à la direction principale (1,2) et partant de la case (4,2). Elle rencontre (**280, 282**) les cases

$$(4,2), \quad (0,4), \quad (1,1), \quad (2,3), \quad (3,0).$$

On voit que les n^{os} des colonnes et des lignes sont encore les nombres 0, 1, 2, 3, 4 dans un certain ordre et on arrive au même résultat que précédemment.

Il résulte du n° **294** et de ce que nous venons de voir qu'en supposant le plan indéfiniment recouvert de carrés identiques à celui de la figure 91, toutes les directions qu'on peut considérer dans ce plan sont magiques, à l'exception de l'horizontale, de la verticale et de leurs transformées.

299. On peut transformer le carré précédent de façon à lui donner la forme ordinaire des carrés magiques, tout en lui conservant son hypermagie.

Supposons en effet, comme nous l'avons déjà fait, ce carré reproduit par juxtaposition indéfiniment dans tous les sens et considérons dans le carré origine deux lignes arithmétiques issues d'un même point, non transformées réciproques et appartenant chacune à une direction magique. Soient, par exemple, les lignes arithmétiques (2,1) et (1,2) issues de l'origine. Nous prendrons pour éléments de la première ligne et de la première colonne du carré à construire, respectivement ceux des lignes arithmétiques (2,1) et (1,2). Les autres colonnes de ce carré s'obtiendront sans difficulté : ainsi les éléments de la 3ᵉ colonne seront ceux de la ligne arithmétique menée parallèlement à la ligne (1,2) par la 3ᵉ case de la ligne (2,1). Les 5 lignes arithmétiques de la direction (1,2) menées de cette façon par les cases de (2,1) sont distinctes (**288**) et

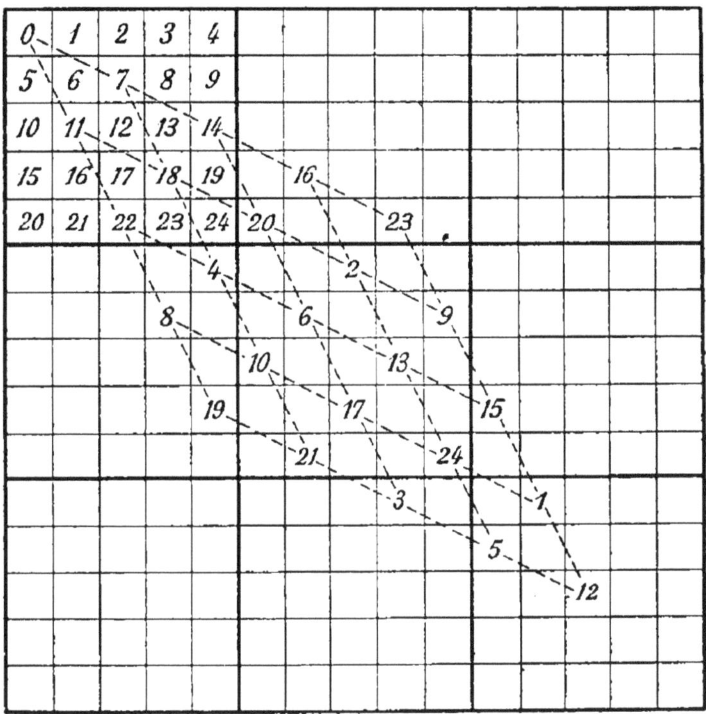

Fig. 92.

rencontrent par suite tous les éléments de 0 à 24. On obtient ainsi un parallélogramme composé de 25 petits parallélogrammes égaux, qu'il suffit de relever pour obtenir le carré cherché (*fig.* 93).

Ce carré est bien hypermagique. En effet, nous savons (**298**) que toutes ses directions principales sont magiques, sauf celles des transformées de l'horizontale et de la verticale. Or ces deux directions non magiques sont celles des droites joignant les éléments

0 et 4, 0 et 10 (**291**) (*fig.* 93), ou en employant nos notations (**286**), les directions principales (1,2), (1,3). Les directions principales magiques se réduisent donc à $6 - 2 = 4$: (1,0), (1,1), (1,4), (0,1). Nous savons d'ailleurs que la direction principale (1,4) et la direction de la 2° diagonale sont transformées réciproques, c'est-à-dire qu'elles sont magiques ou non en même temps (**295**).

0	7	14	16	23
11	18	20	2	9
22	4	6	13	15
8	10	17	24	1
19	21	3	5	12

S. m. 60
Fig. 93.

Le carré obtenu est diabolique, puisque les directions de ses diagonales sont magiques. Ainsi les carrés diaboliques sont un cas particulier des carrés hypermagiques. Mais on peut trouver des carrés hypermagiques qui ne soient pas diaboliques; il suffit pour cela de choisir pour première colonne et première ligne ou bien deux lignes arithmétiques de direction horizontale ou verticale ou bien deux lignes arithmétiques telles qu'une des diagonales du carré hypermagique correspondant soit la transformée d'une des verticales ou horizontales du carré origine. Ainsi, dans le carré hypermagique construit sur les 2 lignes arithmétiques principales (1,1) et (1,2), la seconde diagonale se confond avec la colonne 4 du carré origine; la direction correspondante n'est donc pas magique.

300. Aucun carré hypermagique de 3 ne peut être diabolique, car le nombre de ses directions principales est 4, sur lesquelles 2 sont non magiques. Il ne reste donc que 2 directions principales magiques, l'horizontale et la verticale, par exemple. Ceci semble en contradiction avec la forme ordinaire du carré magique de 3, qui donne en outre la constante suivant les diagonales ; mais on reconnaît bien vite qu'il y a magie seulement suivant les *lignes* diagonales et non suivant les *directions* des diagonales.

301. On peut se dispenser, pour construire un carré hypermagique, de juxtaposer ainsi plusieurs carrés ; on peut ramener, comme nous l'avons indiqué (**283**), toutes les constructions au premier carré.

Au lieu de prendre la suite 0, 1, 2, ..., 24 comme éléments du carré hypermagique, on peut, comme à l'ordinaire, se servir des nombres 1, 2, 3, ..., 25. Pour transformer avec cette supposition le carré hypermagique ci-dessus (*fig.* 93), il suffit d'augmenter tous ses éléments d'une unité.

La case origine pourrait être au lieu de la case $(0,0)$ une case quelconque du carré. Enfin, pour rendre la figure 92 plus claire nous avons pris comme 1re ligne du carré construit la ligne arithmétique $(2,1)$ qui n'appartient pas à une direction principale, au lieu de sa transformée la ligne arithmétique principale $(1,3)$ dont l'emploi eût conduit au même résultat.

302. Cherchons à évaluer le nombre de carrés hypermagiques qu'on peut former dans le cas d'un côté premier, 5 par exemple. Nous savons (**293**) qu'il nous suffit de considérer les combinaisons réalisables avec les lignes arithmétiques des directions principales.

A une case origine déterminée correspondent $5+1$ directions principales représentées chacune par une ligne arithmétique menée dans la direction considérée. En associant une de ces lignes avec chacune **des 5** autres, on a d'abord $5(5+1)$ arrangements. Pour une certaine association de 2 lignes, on peut marcher de $(5-1)$ pas différents sur chaque ligne (**291**), soit pour les 2 lignes $(5-1)^2$ dispositions, ce qui donne en tout pour les hypothèses faites $5(5+1)(5-1)^2$ arrangements.

Mais la case origine peut être une quelconque des $25 = 5^2$ cases du carré. Le nombre possible de **carrés hypermagiques** est donc

$$(5-1)^2 5^3 (5+1).$$

Nous avons admis dans le raisonnement précédent que deux carrés hypermagiques dans lesquels les lignes sont changées en colonnes et les colonnes en lignes étaient différents. Si l'on fait l'hypothèse contraire, le résultat obtenu devient

$$\frac{(5-1)^2 5^3 (5+1)}{2}.$$

En faisant cette dernière supposition, le nombre des carrés hypermagiques de 5 est donc 6 000.

---

303. Enfin, on procéderait comme nous l'avons fait pour tout carré dont le côté est un nombre premier. M. Arnoux a étendu cette méthode aux carrés dont le côté est un nombre composé à l'aide d'un procédé ingénieux, mais que nous ne pourrions exposer ici **sans** entrer dans trop de détails.

CHAPITRE XV

TRANSFORMATION DES CARRÉS MAGIQUES

§ 1. — CARRÉS MAGIQUES A PROGRESSION GÉOMÉTRIQUE

304. On peut considérer aussi des carrés magiques
dont les éléments soient les termes d'une progression
géométrique au lieu d'être les termes d'une progression
arithmétique. La théorie en est d'ailleurs absolument
la même, sauf qu'on y remplace les nombres naturels
1, 2, 3, 4, 5, ... par les exposants 0, 1, 2, 3, 4, ... et la
dénomination *somme magique* par *produit magique*.
Aussi ne donnerons-nous qu'un exemple de ces sortes

I

2^1	2^0	2^2
2^2	2^1	2^0
2^0	2^2	2^1

II

2^0	2^6	2^3
2^6	2^3	2^0
2^3	2^0	2^6

III

2^1	2^6	2^5
2^8	2^4	2^0
2^3	2^2	2^7

P.m. 2^{12}

IV

2	64	32
256	16	1
8	4	128

P.m. 4096

Fig. 94.

de carrés : un carré de 3 dont les éléments sont les termes de la progression géométrique 2^0, 2^1, 2^2, ..., 2^9 par
1, 2, 4, 8, ..., 256.

Nous disposerons, suivant la méthode de La Hire,
dans un carré auxiliaire I (*fig.* 94) les exposants 0, 1, 2

et dans un second II, les exposants 0, 3, 6 de telle sorte que dans chacun de ces carrés, la somme des exposants soit la même suivant les lignes, les colonnes et les diagonales et que deux exposants quelconques pris dans chacun des tableaux ne se trouvent qu'une seule fois dans la case de même numéro. Si maintenant, on fait le produit des éléments des cases de chacun des carrés I et II occupant le même rang, on obtient le carré magique cherché III où les éléments ont pour exposants la somme des exposants des éléments correspondants des carrés auxiliaires (8). En calculant les puissances, on peut donner à ce carré la forme IV. Dans chacun des carrés III et IV, le *produit* des éléments suivant les lignes, les colonnes et les diagonales est constamment égal à 2^{12} ou 4096; c'est le *produit magique.*

Pour simplifier, on peut se dispenser d'écrire les chiffres 2 dans les carrés auxiliaires I et II et se contenter d'y faire figurer seulement les exposants.

On voit d'après cela qu'il sera facile de transformer un carré magique à progression arithmétique en un carré magique à progression géométrique.

§ 2. — RECTANGLES MAGIQUES

305. Un rectangle étant divisé en carrés égaux, remplissons ses cases avec la suite naturelle des nombres entiers. Il sera magique si les éléments de chacune de ses lignes ont une même somme, et si les éléments de chacune de ses colonnes ont aussi une somme constante, qui sera en général différente de la première.

Un rectangle magique se désigne par le produit du nombre des cases contenues dans sa base et sa hauteur. Ainsi, le rectangle de la figure 98 est celui de 5×3 cases.

306. La somme magique des lignes et celle des colonnes ne peuvent être choisies arbitrairement. Considérons, en effet, le rectangle de $5 \times 3 = 15$. La somme des éléments qu'il contient est égale à $\dfrac{15 \times 16}{2} = 15 \times 8$ (**64**) ; la somme magique d'une ligne devra en être le 1/3, soit $5 \times 8 = 40$, la somme magique d'une colonne, le 1/5, soit $3 \times 8 = 24$.

307. Enfin, pour que le rectangle puisse être magique, il est nécessaire que les nombres de cases de chaque ligne ou de chaque colonne soient ou tous deux pairs ou tous deux impairs. En effet, supposons par exemple, qu'on veuille former un rectangle de 9×4. La somme des 9×4 premiers nombres est

$$\frac{9 \times 4(9 \times 4 + 1)}{2} ;$$

la somme magique suivant une des 4 lignes devrait être le nombre $\dfrac{9(9 \times 4 + 1)}{2}$, qui n'est pas entier, puisque 9 et $9 \times 4 + 1$ sont impairs. Il est donc impossible de former un rectangle magique dont un côté soit pair et l'autre côté impair.

308. Cela posé, soit à construire le rectangle de 4×2 ; c'est le plus simple des rectangles pairs. La somme magique suivant les lignes doit être 18 et suivant les colonnes 9.

Ecrivons sur une première ligne (*fig.* 95) les 4 pre-

$$
\begin{array}{cccc}
1 & 2 & 3 & 4 \\
8 & 7 & 6 & 5
\end{array}
$$

1	7	6	4
8	2	3	5

S. m. 18 et 9

Fig. 95.   Fig. 96.

miers nombres et sur une seconde, leurs complémentaires à 9 ; on a ainsi déjà la somme magique suivant les colonnes. Cherchons ensuite 4 éléments, à raison de 1 pour chacune des colonnes, dont la somme soit 18, par exemple 1, 7, 6 et 4. Sans changer les colonnes de place, il suffit de modifier l'ordre de leurs éléments de façon à faire passer 7 et 6 à la première ligne. On a ainsi le rectangle magique de la figure 96.

309. Nous donnerons comme dernier exemple la construction du rectangle de 5×3, le plus simple

$$
\begin{array}{ccccc}
1 & 2 & 3 & 4 & 5 \\
15 & 13 & 11 & 14 & 12 \\
8 & 9 & 10 & 6 & 7
\end{array}
$$

1	13	10	4	12
15	9	3	6	7
8	2	11	14	5

S. m. 40 et 24

Fig. 97.   Fig. 98.

des rectangles impairs. La somme magique est ici 40 pour les lignes et 24 pour les colonnes. Disposons les 15 premiers nombres en 5 groupes de 3, la somme de chacun des groupes étant 24 (*fig.* 97). On a ainsi la somme magique suivant les colonnes

Cherchons maintenant deux groupes différents de 5 nombres, pris à raison de 1 par colonne, dont la somme soit 40 ; soient par exemple 1, 13, 10, 4, 12 et 15, 9, 3, 6, 7. Sans changer les colonnes de place, il suffit de modifier l'ordre de leurs éléments de façon à faire passer ces groupes à la 1re et à la 2e lignes. On a ainsi le rectangle de la figure 98.

310. REMARQUE. — Si les côtés du rectangle devenaient égaux, on obtiendrait de cette façon un carré semi-magique (**249**).

§ 3. — **CERCLES MAGIQUES**

311. Divisons une circonférence en autant de parties qu'il y a d'unités dans un nombre (*racine*) composé de 2 facteurs tous deux pairs ou tous deux impairs ; menons les rayons aux points de division, puis traçons des circonférences concentriques en nombre égal à **un des** facteurs. Inscrivons enfin des nombres dans les cases ainsi déterminées. Le cercle sera magique si, faisant mouvoir sur lui un autre cercle percé d'ouvertures, les nombres qui se montrent par ces ouvertures ont une somme constante.

Il résulte de cette définition que la racine d'un cercle est ou un nombre carré ou un nombre rectangle dont les facteurs com-

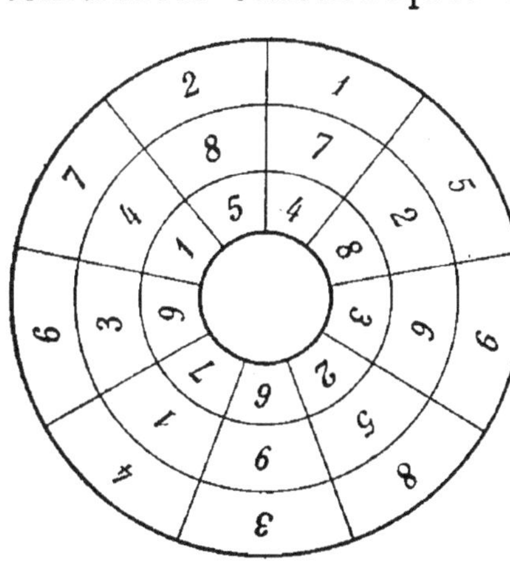

S. m. 15

Fig. 99.

posants sont ou tous deux pairs ou tous deux impairs.

Nous donnerons la construction du plus simple des cercles magiques, celui de 9. En décrivant une première circonférence et en opérant comme nous l'avons dit, on obtient le cercle de la figure 99, sauf les éléments inscrits dans les cases. Découpons maintenant un second cercle identique au premier, mais où sont pratiquées d'abord 3 ouvertures *a*, *b*, *c* (*fig.* 100). Quels nombres de la suite 1, 2, 3, 4, 5, 6, 7, 8, 9 devons-nous inscrire dans chacune des cases du premier cercle, pour qu'en faisant mouvoir sur lui le second, les 3 nombres qui se présentent aient une somme constante ? Il nous suffira de considérer un carré semi-magique de 3, par exemple le carré

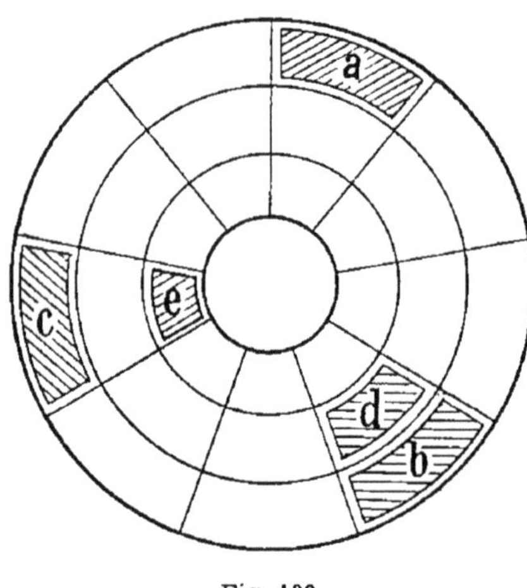

Fig. 100.

$$
\begin{array}{ccc}
1 & 8 & 6 \\
5 & 3 & 7 \\
9 & 4 & 2
\end{array}
$$

Si nous inscrivons dans la couronne extérieure du cercle fixe les nombres de ce carré dans l'ordre 159, 834, 672, en remarquant que les ouvertures du cercle mobile sont équidistantes et placées de 3 en 3 cases, on devra lire successivement 186, 537, 942 ; 861, 375, 429 ; 618, 753, 294, c'est-à-dire les 3 lignes du carré dont les éléments seraient placés les uns par rapport aux autres de 3 manières différentes. La somme d'un de ces groupes de 3 éléments est évidemment constante et égale à 15.

Au lieu de pratiquer les 3 ouvertures dans la même couronne, voyons maintenant ce qu'il faudrait faire s'il en existait une dans chacune des 3 couronnes en a, d, e (*fig.* 100). Laissons les chiffres écrits dans la première couronne et supposons qu'on veuille lire par ces 3 ouvertures les éléments de chacune des colonnes du carré ci-dessus. L'ouverture a étant sur le nombre 1, par exemple, on voit qu'on devra inscrire : 1° 5 dans la case de la deuxième couronne correspondant à l'ouverture d et en suivant 591, 348, 726 ; 2° 9 dans la case de la troisième couronne correspondant à e et en suivant 915, 483, 267.

On pourra enfin réunir les 3 ouvertures du premier cercle mobile et les trois ouvertures du second sur un troisième, de telle sorte que l'ouverture a soit commune (*fig.* 100). On lira alors les éléments des lignes du carré de 3 par les ouvertures de la couronne extérieure et les éléments des colonnes du même carré par l'ouverture a de la couronne extérieure et les ouvertures d, e des deux autres couronnes. L'ouverture a donnera le nombre qui se trouve dans le carré à l'intersection de la ligne et de la colonne lues.

On appliquerait très facilement la méthode précédente à un cercle magique dont la racine serait un rectangle.

On voit qu'en somme les cercles magiques, bien que n'ayant pas d'intérêt au point de vue théorique, puisqu'ils ne sont que la traduction des carrés et rectangles magiques, présentent d'une façon amusante les propriétés de ces derniers. Ils ont été imaginés par Franklin.

312. On peut considérer un autre genre de cercles magiques dont l'étude a été faite par M. Laquière. Traçons un certain nombre, 3 par exemple, de circonférences concentriques et menons un même nombre de diamètres également distants (*fig.* 101). Les circonférences et les diamètres se rencontrent en

$$2\times3\times3 = 18$$

points, plus le centre. Il nous faut placer les 18 premiers nombres en ces points d'intersection, de telle sorte que la somme des termes ins, scritsoit sur une même

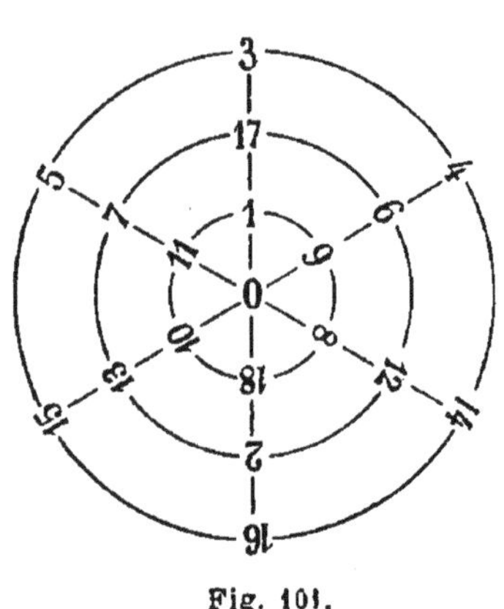

Fig. 101.

circonférence, soit sur un même diamètre, donne une constante. Cette constante sera ici

$$\frac{(1+18)\times18}{2}\times\frac{1}{3} = 19\times3.$$

Formons avec les nombres entiers consécutifs de 1 à 18 deux séries dont les termes correspondants soient complémentaires (257) :

1	2	3	4	5	6	7	8	9
18	17	16	15	14	13	12	11	10

Sans compter le centre, nous devons avoir 6 termes sur chaque circonférence et autant sur chaque diamètre. Or si nous plaçons les 18 nombres de telle façon que l'un étant placé, son complémentaire soit inscrit à l'intersection placée symétriquement par rapport au centre, nous nous trouverons dans les conditions prescrites, car ainsi, sur les diamètres, deux termes à égale distance du centre auront pour somme 19, et les 6 termes, 19×3 ; sur les circonférences, deux termes diamétralement opposés auront pour somme 19 et les 6 termes, 19×3. Par raison de symétrie, nous placerons le chiffre 0 au centre des circonférences.

313. On peut aussi construire des cercles magiques du même genre où le nombre des diamètres est supérieur d'une unité à celui des circonférences. Ainsi, on voit figure 102 un cercle magique de 4 diamètres et 3 circonférences ; le nombre des intersections est ici

$$2 \times 4 \times 3 = 24.$$

La construction est absolument pareille à la précédente, sauf qu'au centre on devra placer le nombre

$$24 + 1 = 25,$$

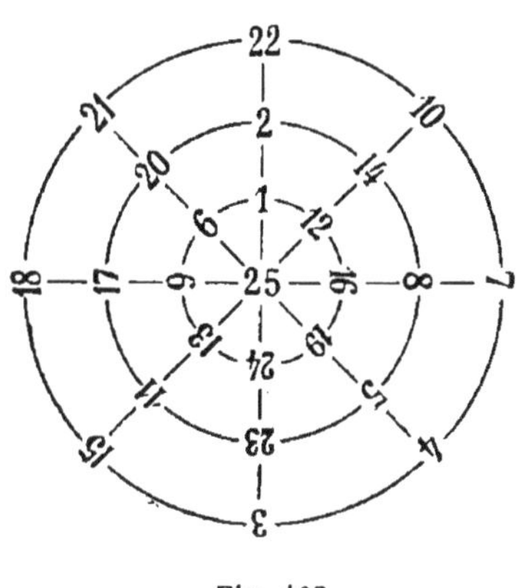

Fig. 102.

car les circonférences contiennent 4 groupes de 2 termes de somme 25 et les diamètres n'en contiennent que 3.

§ 4. — CUBES MAGIQUES

314. Un savant français du xviie siècle, Sauveur, a étendu à l'espace les propriétés du carré magique dans le plan. Considérons un cube ABCDEFGH (*fig*. 103) et divisons chacun de ses côtés en un même nombre de parties égales, 3 par exemple. Par les points de division, menons des plans parallèles à 3 faces ayant un même sommet B. Nous obtiendrons ainsi $3 \times 3 \times 3 = 27$ petits cubes que nous nommerons *cellules*. Supposons-les creuses et contenant chacune à leur centre un des 27 premiers nombres. Le cube considéré sera magique si l'on trouve constamment le même nombre, en faisant la somme des éléments contenus dans les cellules d'une quelconque des tranches de 9 cellules : 1° parallèles aux 3 faces ABCD, ABGF, BCHG concourant en un même point B ; 2° passant par les 6 plans diagonaux ACHF, BDEG, ABHE, FGCD, AGHD, BFEC.

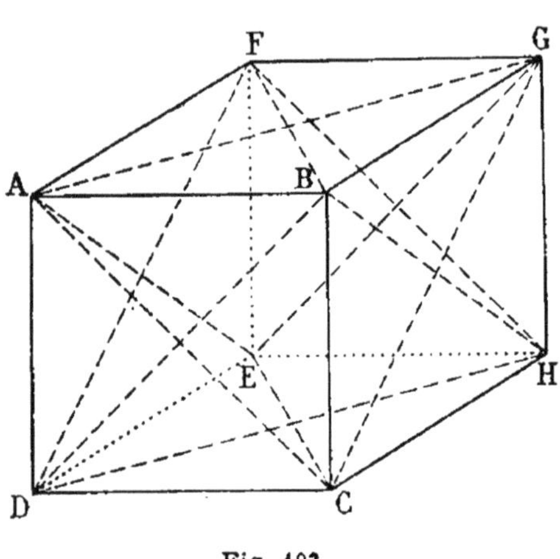

Fig. 103.

La somme constante ou somme magique est facile à déterminer pour un cube quelconque, celui de 3 par exemple. La somme de ses 27 éléments est $\dfrac{27(27+1)}{2}$; comme il y a seulement trois tranches parallèles à une même face, sur lesquelles tous les éléments sont répartis, la somme magique est donc $\dfrac{9(27+1)}{2} = 126$, c'est-à-dire le demi-produit du carré du côté du cube et de la somme des éléments extrêmes.

Nous ne donnerons qu'un seul exemple de construction d'un cube magique, celle d'un cube de 3. On verra que la méthode employée n'est que la généralisation de celle de La Hire pour les carrés magiques ; on se reportera donc aux règles données au chapitre XIII pour appliquer à un cube de côté quelconque le procédé que nous allons indiquer.

315. Nous ferons usage de 3 carrés auxiliaires : le premier, contenant les unités de la racine 1, 2, 3 ; le deuxième, les multiples de la racine 0, 3, 6 ; le troisième, les multiples du carré de la racine 0, 9, 18. En associant 3 quelconques de ces nombres, on obtiendra les 27 premiers nombres.

Supposons ces 3 carrés placés sur les 3 faces d'un cube, ces faces ayant un sommet commun B (*fig.* 104). Nous prendrons pour première ligne : du 1er carré, BC ; du 2e, AB ; du 3e, BG, c'est-à-dire les 3 arêtes du cube concourant en B. Nous placerons ensuite respectivement les 3 suites 1.2.3, 0.3.6, 0.9.18 dans chacun de ces 3 carrés suivant la méthode de La Hire pour les carrés impairs, en plaçant le premier élément de chaque carré de façon à éviter ultérieurement que 3 quelconques de ces nombres se trouvent associés plus d'une fois. On pourra répéter

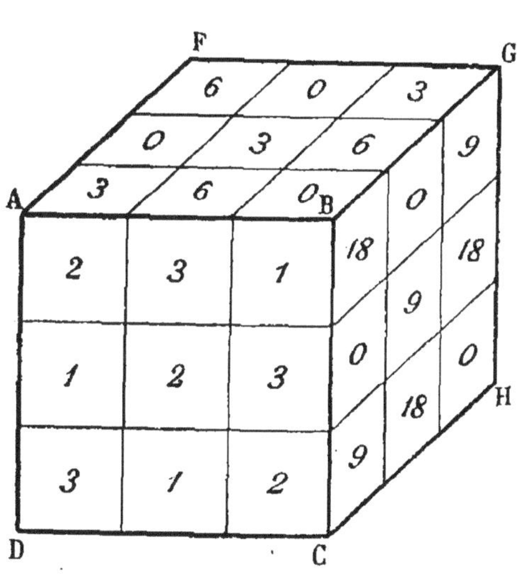

Fig. 104.

thode de La Hire pour les carrés impairs, en plaçant le premier élément de chaque carré de façon à éviter ultérieurement que 3 quelconques de ces nombres se trouvent associés plus d'une fois. On pourra répéter

les nombres moyens 2, 3, 9 de chacune des 3 suites
suivant une diagonale de chaque carré, comme nous
l'avons fait ici pour le cube de 3, à condition toutefois
que les 3 diagonales choisies ne concourent pas à un
même sommet du cube.

Cela posé, il est facile d'obtenir les éléments des différentes cellules. En supposant que 3 faces concourantes
de chacune de ces cellules se déplacent parallèlement à
elles-mêmes, chacune de ces 3 faces rencontre une case
d'un carré auxiliaire. En ajoutant les nombres placés
dans les 3 cases ainsi déterminées, on a l'élément de
la cellule considérée. Ainsi la cellule du sommet A
(*fig.* 104) aura pour élément $2+3+18=23$; la
cellule centrale $2+3+9=14$.

Pour plus de clarté, nous supposerons qu'on a fait
dans le cube 3 sections planes parallèles à la face ABGF
(*fig* 104) passant par les centres des cellules correspondantes et qu'on a inscrit dans les cases des carrés
que ces sections déter-
minent, les éléments
des cellules rencon-
trées. On a ainsi la
figure 105.

On voit que les
tranches suivantes
donnent bien pour
somme de leurs élé-
ments la somme ma-
gique 126 :

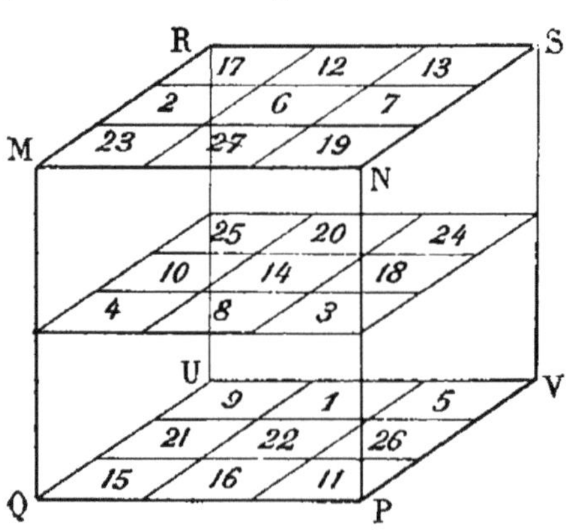

S. m. 126

Fig. 105.

1° Les 3 tranches
horizontales — exemple, la tranche supérieure
$23+27+19+2+6+7+17+12+13=126$;

2° Les 3 tranches verticales parallèles à MNPQ — exemple, la tranche centrale

$$2 + 6 + 7 + 10 + 14 + 18 + 21 + 22 + 26 = 126 ;$$

3° Les 3 tranches verticales parallèles à NSVP — exemple, la tranche contiguë à MRUQ,

$$23 + 2 + 17 + 4 + 10 + 25 + 15 + 21 + 9 = 126 ;$$

4° Les 6 tranches diagonales — exemple, la tranche MSVQ,

$$23 + 6 + 13 + 4 + 14 + 24 + 15 + 22 + 5 = 126.$$

316. REMARQUE. — On appliquera sans difficulté cette méthode à un cube de côté impair quelconque. Mais dans les cubes de côté pair, afin d'éviter les répétitions d'éléments, on ne disposera pas les carrés auxiliaires tous les trois de la même manière, c'est-à-dire que si l'on adopte par exemple une disposition suivant l'horizontale pour les éléments de deux des carrés, on adoptera pour le troisième une disposition suivant la verticale. Ainsi on pourra prendre pour direction des lignes de chaque carré, celle des trois arêtes qui concourent à un même sommet du cube.

317. Fermat, dans une lettre au P. Mersenne, indique une autre sorte de cube magique qu'on peut définir ainsi : en le supposant de côté 4, ce cube est tel que la somme des éléments suivant la verticale, l'horizontale et les diagonales des 4 tranches horizontales et des 4 tranches parallèles à une des 4 faces verticales du cube, — c'est-à-dire suivant 16 verticales, 32 horizontales et 16 diagonales — soit constante. Fermat se borne à donner un exemple d'un cube de 4, sans indiquer la marche qu'il a suivie pour l'obtenir.

Voici comment on pourra opérer pour construire ce nouveau cube. Il s'agit en définitive de trouver 4 carrés magiques tels que si l'on prend dans chacun d'eux une colonne d'un même rang, les 4 colonnes ainsi choisies forment encore un carré magique; ces carrés étant superposés donneront un cube de 4. Nous formerons chacun de ces 4 carrés par la méthode de La Hire pour les carrés pairement pairs, à l'aide de deux carrés magiques auxiliaires dont l'un contiendra les unités de la racine et l'autre certains multiples de la racine et du carré de la racine. La somme magique du premier carré auxiliaire sera 10; celle du second, 120. Leur somme donnera 130, somme magique relative à ce cube de 4 [car la somme des 64 premiers nombres étant $(1 + 64)\dfrac{64}{2}$, la somme suivant une verticale, c'est-à-dire la somme magique, est

$$(1 + 64)\frac{64}{2} \times \frac{1}{16} = (1 + 64)2 = 130].$$

Admettons que la direction suivant laquelle les tranches verticales doivent être magiques soit celle de la face BCHG du cube (*fig.* 103). Formons d'abord les 4 carrés auxiliaires des unités (*fig.* 106, I). Le premier se construit d'après la règle de La Hire pour les carrés pairement pairs. On cherchera ensuite à former la 1re colonne de chacun des 3 autres carrés; les 2e, 3e et 4e colonnes de ces carrés se déduiront ensuite de la 1re à l'aide de la règle dont nous venons de parler. Pour satisfaire d'ailleurs aux conditions prescrites, il suffit de disposer les éléments de la 1re colonne de chaque carré de telle sorte que la somme : 1° des termes de même rang dans les 4 carrés soit 10; 2° du 1er terme du

1er carré, du 2e du 2e carré, du 3e du 3e carré et du 4e du
4e carré, — termes qui forment une des diagonales de
la 1re tranche verticale, — soit encore 10 (l'autre diagonale de la tranche considérée est d'ailleurs identique à
la première).

Passons maintenant aux carrés auxiliaires des mul-

I					II					III			
4	2	3	1		0	60	60	0		4	62	63	1
1	3	2	4		40	20	20	40		41	23	22	44
1	3	2	4		20	40	40	20		21	43	42	24
4	2	3	1		60	0	0	60		64	2	3	61
1	3	2	4		56	4	4	56		57	7	6	60
4	2	3	1		52	8	8	52		56	10	11	53
4	2	3	1		8	52	52	8		12	54	55	9
1	3	2	4		4	56	56	4		5	59	58	8
4	2	3	1		28	32	32	28		32	34	35	29
1	3	2	4		16	44	44	16		17	47	46	20
1	3	2	4		44	16	16	44		45	19	18	48
4	2	3	1		32	28	28	32		36	30	31	33
1	3	2	4		36	24	24	36		37	27	26	40
4	2	3	1		12	48	48	12		16	50	51	13
4	2	3	1		48	12	12	48		52	14	15	49
1	3	2	4		24	36	36	24		25	39	38	28

I	II	III

Fig. 106.

tiples (*fig*. 106, II), que nous partagerons en deux séries
dont les termes soient respectivement complémentaires :

$$0 \quad 4 \quad 8 \quad 12 \quad 16 \quad 20 \quad 24 \quad 28$$
$$60 \quad 56 \quad 52 \quad 48 \quad 44 \quad 40 \quad 36 \quad 32$$

Il suffit de disposer les éléments de la 1re colonne de

chaque carré de façon à satisfaire aux conditions de la question, les autres colonnes devant se déduire de la 1re à l'aide de la règle de La Hire. Prenons deux nombres dans la 1re série et deux dans la 2e, dont la somme totale soit 120, par exemple 0, 52, 44 et 24. En observant dans ce qui suit que lorsqu'un terme des deux séries aura été choisi, on ne pourra plus disposer de son complémentaire, plaçons le 1er de ces nombres dans la 1re case du 1er carré; le 2e, dans la 2e case du 2e carré, etc..., puis leurs complémentaires 60, 8, 16, 36 dans les cases correspondantes; on a ainsi la somme magique suivant les diagonales de la 1re tranche verticale.

Pour obtenir la somme magique suivant la 1re verticale, cherchons, parmi les multiples restants, deux de ces multiples qui, ajoutés à 0 et 36, donnent 120 et qui par suite aient 84 pour somme, par exemple 56 et 28. Je les place respectivement dans la 1re case du 2e et du 3e carrés, puis leurs complémentaires 4 et 32 dans les cases correspondantes. Si tous ces nombres ainsi placés font partie d'une solution de la question, on devra trouver pour compléter la deuxième verticale, parmi les multiples qui restent (12, 20, 40, 48) deux nombres qui aient pour somme $120 - (52 + 16) = 52$. 12 et 40 remplissant cette condition, on les place ainsi que leurs complémentaires.

Il ne reste plus qu'à répéter les colonnes verticales des carrés II suivant la méthode de La Hire et en ajoutant les carrés I et II, on obtient les carrés magiques III (*fig.* 106) qui, superposés dans l'ordre 1, 2, 3, 4 ou *vice-versa* donnent un cube magique de 4, selon Fermat.

On peut remarquer que la direction ABCD des tranches verticales (*fig.* 103) donne ici des carrés seulement semi-magiques.

318. Enfin, on pourrait demander qu'au lieu des 4 tranches verticales considérées, les carrés diagonaux ADHG et BCEF (*fig.* 103) fussent magiques : alors les 4 grandes diagonales du cube AH, GD, BE, FC, qui sont en même temps les diagonales de ces carrés, donneraient la somme magique. La question est absolument semblable à celle que nous venons de traiter. Les carrés I seraient identiques, mais leur ordre de succession serait 2, 1, 3, 4. Pour les carrés II, en supposant qu'on ait pris en premier lieu comme précédemment les 4 nombres 0, 52, 44 et 24, on placera ces nombres respectivement non plus dans la 1re *colonne*, mais dans la 1re *diagonale* de chaque carré, le 1er dans la 1re case de la 1re diagonale du 1er carré, le 2e dans la 2e case de la 1re diagonale du 2e carré, etc..., et on terminera aisément.

Avec un peu d'attention, on pourra construire des cubes magiques de côté quelconque par des considérations analogues.

TABLE DES MATIÈRES

Bar-le-Duc. — Imp. Comte-Jacquet, Facdouel, Dir.